AF393276

Kohlhammer

Uwe Fricke

Hochwasserschutz

Prävention und Einsatz bei zeitkritischen Ereignissen

Verlag W. Kohlhammer

Dieses Werk einschließlich aller seiner Teile ist urheberrechtlich geschützt. Jede Verwendung außerhalb der engen Grenzen des Urheberrechts ist ohne Zustimmung des Verlags unzulässig und strafbar. Das gilt insbesondere für Vervielfältigungen, Übersetzungen, Mikroverfilmungen und für die Einspeicherung und Verarbeitung in elektronischen Systemen.
Die Wiedergabe von Warenbezeichnungen, Handelsnamen und sonstigen Kennzeichen in diesem Buch berechtigt nicht zu der Annahme, dass diese von jedermann frei benutzt werden dürfen. Vielmehr kann es sich auch dann um eingetragene Warenzeichen oder sonstige geschützte Kennzeichen handeln, wenn sie nicht eigens als solche gekennzeichnet sind.
Die Abbildungen stammen – sofern nicht anders angegeben – vom Autor.

Vorwort

In meiner Funktion als Kreisbrandmeister für den Landkreis Goslar im Bundesland Niedersachsen und zuvor als langjähriger Ortsbrandmeister einer großen Freiwilligen Feuerwehr hatte ich in meiner bisherigen fünfzigjährigen Einsatztätigkeit schon häufiger mehr oder weniger große Einsatzlagen im Zusammenhang mit Unwetterlagen, Stürmen, Bränden und Hochwässern zu bearbeiten. In den Jahrzehnten habe ich deshalb ab und an einmal über diese Einsätze in den einschlägigen Fachzeitschriften berichtet. Neben den Einsatzberichten folgten auch diverse Fachpublikationen zur operativ-taktischen Einsatzvorbereitung usw. Neben den Einsätzen im Rahmen der überörtlichen Hilfeleistung in Verbindung mit den Einsätzen der Kreisfeuerwehrbereitschaften bei den Hochwässern an der Elbe musste ich als Kreisbrandmeister und Leiter der Technischen Einsatzleitung beim Katastrophenalarm im Jahr 2017 im Landkreis Goslar den Einsatz der Feuerwehren bei mehreren tausend Einsatzstellen, die es zeitnah abzuarbeiten galt, leiten. Nachdem ich auch hierzu in Fachartikeln die Einsatzabläufe publiziert hatte, trat der Kohlhammer Verlag an mich heran, mit der Bitte, ein Buch über den Hochwasserschutz zu verfassen. Nach anfänglichem Zögern stimmte ich letztendlich diesem Projekt zu, unter der Prämisse, dass ich hauptsächlich den Hochwasserschutz am Beispiel eines norddeutschen Mittelgebirges beschreibe. Für die Deichverteidigung, wie es an den Küstenregionen notwendig ist, fehlt mir das entsprechende Fachwissen und die Einsatzerfahrung. Deshalb bezieht sich die vorliegende Publikation mehr auf den Hochwasserschutz im Bergland.

Neben meiner ehrenamtlichen Tätigkeit bei der Feuerwehr konnte ich mir zu Nutze machen, dass ich Erfahrungen in meiner leitenden Tätigkeit als Mitarbeiter in einem Versorgungsbetrieb im Bereich der Gas- und Trinkwasserversorgung und später als langjähriger Betriebsleiter eines kommunalen Eigenbetriebes sowie als Mitarbeiter der Unteren Wasserbehörde und der Tiefbauverwaltung einer mittelgroßen Stadt in diesem Themenkomplex sammeln konnte. Nach dem katastrophalen Hochwasserereignis im Landkreis Goslar im Juli 2017 konnte ich meine Erfahrungen aus den Hochwassereinsätzen mit in den Aufbau eines Hochwasserschutzzuges innerhalb der Kreisfeuerwehr sinnvoll einbringen.

Alle diese bereits genannten Einsatzszenarien waren und sind natürlich nicht vergleichbar mit den enormen Schäden und den tragischen Schicksalen vieler Menschen, die bei dem Katastrophenereignissen in Rheinland-Pfalz und Nordrhein-Westfalen zu Schaden oder sogar zu Tode gekommen sind. Welche enormen

Gefahren allerdings durch Sturzfluten, Starkregenereignissen und Hochwässern zu erwarten sind, soll die vorliegende Publikation aufzeigen. Das Buch kann natürlich nur einen kleinen Teil des umfangreichen Themenkomplexes zu Hochwassereinsätzen abdecken. Jeder Einsatzkraft und insbesondere den Führungskräften ist zu empfehlen, sich ständig zu diesem Themenbereich zu informieren und sich abgestimmt auf die individuellen Begebenheiten vor Ort vorzubereiten.

Uwe Fricke

Inhaltsverzeichnis

Inhaltsverzeichnis

1 Einführung in die Hochwasserthematik

Schon seit Menschengedenken haben die Bewohnerinnen und Bewohner in der Nähe von Flüssen und besonderen Tallagen mit den Auswirkungen von Hochwassern und Starkregenereignissen zu kämpfen. Diese Ereignisse beherbergen ein großes Potenzial, ungeheure Schäden anzurichten sowie zu einer Vielzahl von Todesfällen zu führen. Die jüngsten Beispiele sind die Hochwasserkatastrophen in Rheinland-Pfalz und in Nordrhein-Westfalen im Sommer 2021 mit mehr als 150 Todesopfern. Hochwasserereignisse führen nicht selten dazu, dass es zu späteren Umsiedlungen von Teilen der Bevölkerung kommt. Zudem ergeben sich durch die Zerstörungskraft der Fluten zumeist große wirtschaftliche Schäden im mehrstelligen Millionen- oder gar Milliarden-Euro-Bereich. Die vorhandene Infrastruktur wird dadurch regelmäßig nachhaltig zerstört und führt nicht selten dazu, dass sich mehrjährige Instandsetzungszyklen anschließen.

Hinweis:

Diese Publikation soll einen Teil der bei Hochwasserereignissen auftretenden Gefahren aufzeigen und beschreiben und Beispiele für die Verringerung bis hin zur Vermeidung von Schäden bei Hochwasser- und/oder Starkregenereignissen liefern.

Hochwasser- und Starkregenereignisse sind natürliche Phänomene, die jedoch häufig durch den Menschen beeinflusst werden. Genannt werden hier beispielhaft die zunehmende Zersiedelung der Naturräume und die damit verbundene Zunahme der Vermögenswerte in den jeweiligen Überschwemmungsgebieten. Einhergehend damit findet auch eine Verringerung der natürlichen Rückhaltefähigkeit von Wässern auf den Böden statt. Insbesondere die großflächige Versiegelung von zuvor aufnahmefähigen Böden führt dazu, dass sich Hochwasserereignisse immer schneller ausbilden (vgl. Pöttering/Antunes 2007: S. 1).

Die allgegenwärtige Veränderung des Klimas erhöht zudem die Wahrscheinlichkeit des Auftretens von Hochwasser- und Starkregenereignissen und in Verbindung mit den vorgenannten Faktoren erhöht sich damit zusehends die nachteilige Auswirkung dieser klimatischen Ereignisse. Eine Folge davon wiederum ist die Notwendigkeit, die Risiken dieser hochwasserbedingten Parameter auf die menschliche Gesundheit, das Leben auf die Menschen und die Tierwelt, auf die Umwelt abzumildern. Auf europäischer Ebene erfordert dies eine wirksame Hochwasservorsorge und Begrenzung der Hochwasserschäden. Dafür ist aber über eine Koordinierung zwischen den Mitgliedsstaaten hinaus auch eine Einbeziehung der Drittländer vonnöten (vgl. Pöttering/Antunes 2007: S. 1).

Neben der Koordinierung der Maßnahmen zum Schutz vor Hochwasser auf europäischer und nationaler Ebene ist auch eine gute Koordinierung innerhalb der kommunalen Gebietskörperschaften notwendig. Durch gemeinsame, in vorherigen Einsatzplanungen abgestimmte Maßnahmen lassen sich weitere Schäden verringern. Für jede Flussgebietseinheit bzw. für jede Bewirtschaftungseinheit sollte eine Bewertung des Hochwasserrisikos und der Notwendigkeit weiterer Maßnahmen – wie etwa Einschätzungen zu möglichen Hochwasserschutzpotenzialen – durch die entsprechenden Baubehörden und politischen Gremien erfolgen (vgl. Pöttering/Antunes 2007: S. 2). Zur Vermeidung von Schäden und zum Schutz der Umwelt und der vorhandenen Infrastruktur sollte der Schwerpunkt auf einer entsprechenden Vorsorge liegen. Damit die Flüsse wieder ihren ursprünglichen Raum erhalten, sollte sofern möglich die Wiederherstellung bzw. die Neuschaffung von Überschwemmungsgebieten zur Verringerung nachteiliger Auswirkungen auf die menschliche Gesundheit, die Umwelt, das Kulturerbe und wirtschaftliche Tätigkeiten Vorrang haben. Auch die zukünftigen Auswirkungen des weltweiten Klimawandels sind hierbei besonders in den Hochwasserrisikomanagementplänen zu berücksichtigen (vgl. Pöttering/Antunes 2007: S. 2).

Im Interesse der allgemeinen Solidarität müssen die Hochwasserrisikomanagementpläne so abgestimmt werden, dass durch die geplanten Maßnahmen keine nachteiligen Auswirkungen auf das Hochwasserrisiko der Nachbarländer, der Nachbarkommunen und der allgemeinen Nachbarn entstehen. Sind diese nicht vermeidbar, so muss es zumindest aber zu einer gemeinsamen Abstimmung kommen, damit die Risiken entsprechend bewertet werden können. Solche Abstimmungsmaßnahmen sind auch schon bei kleineren Maßnahmen sinnvoll.

Die Intensität eines Hochwassers hängt davon ab, zu welcher Jahreszeit das Ereignis eintritt. Oftmals gibt es Hochwasser nach der Schneeschmelze, wenn sich in den Mittelgebirgen eine große Menge an Schnee angesammelt hat. Kommt es dann zu einem starken Wetterumschwung, so hängt die Stärke des Hochwassers nicht nur von den lokalen Wetterereignissen ab, sondern auch von der Beschaffenheit des Schnees (vgl. Wikipedia: Hochwasserschutz in Dresden 2021). Ein weiterer Faktor bei Hochwasserereignissen ist die Beschaffenheit des Untergrundes. Sind die Böden bereits stark gesättigt oder durch lange Trockenperioden verdichtet, so kann das Niederschlagswasser nicht mehr in den Untergrund abfließen und es bilden sich schlimmstenfalls regelrechte Sturzfluten, die zu Tal fließen und die Vorfluter enorm schnell ansteigen lassen. Führen die aus den Mittelgebirgslagen kommenden Bäche und kleineren Flüsse bereits stark Hochwasser und münden sie anschließend in ebenfalls schon Hochwasser führende größere Flüsse, so kommt es in der Regel zu einem Rückstau, dies hat wiederum zur Folge, dass die Bäche und kleineren Flüsse in den Nebenarmen stark ansteigen und über die Ufer treten. Wird das Dämpfungsverhalten des Grundwassers durch fortlaufende starke Niederschläge negativ beeinflusst, kommt es zusätzlich auch noch zu einem starken Anstieg des Grundwasserspiegels, was ebenfalls wiederum zu Überschwemmungen führt. Bei einem Anstieg des Grundwasserspiegels versagt häufig auch der bauliche Hochwasserschutz, da das Wasser auch hinter Abmauerungen usw. plötzlich wie aus dem Nichts aufsteigen kann.

Neben den baulichen Schäden bei Hochwasserereignissen kommen auch die Schäden durch wirtschaftliche Ausfälle, insbesondere wenn der Öffentliche Personennahverkehr (ÖPNV) gestört oder ganz zum Erliegen kommt. Viele Arbeitnehmer/Arbeitnehmerinnen erreichen somit nicht mehr ihre Arbeitsplätze oder versuchen mit anderen Verkehrsmitteln dorthin zu gelangen. Dies hat wiederum zur Folge, dass sich die angespannte Verkehrssituation bei Hochwasserereignissen noch verschärft. Für die Einsatzkräfte bedeutet dies zumeist zusätzliche Einsatzstellen, da nicht selten unvernünftige Fahrer und Fahrerinnen aus ihren Fahrzeugen gerettet werden müssen. Sind ganze Stadtteile oder Dörfer vom Hochwasser bedroht oder bereits überflutet, hat dies für die Einsatzkräfte weitere zusätzlich abzuarbeitende Maßnahmen zur Folge, wie z. B. die Durchführung von Evakuierungsmaßnahmen. Nicht selten sind dann auch Menschen- und Tierleben zu beklagen.

2   Das Wetter in Deutschland wird extremer

Die führenden Expertinnen und Experten gehen davon aus, dass der bereits jetzt bestehende Klimawandel sowohl die Häufigkeit als auch die Intensität gefährlicher Großwetterlagen beeinflusst. Viele bekannte Klimamodelle sagen voraus, dass sich noch in diesem Jahrhundert die Quantität von Starkregenereignissen von neun Tagen auf bis zu 17 Tagen jährlich nahezu verdoppeln wird. Darüber hinaus ist auch mit einer steigenden Qualität (also größere Regenmengen pro Ereignis) zu rechnen (vgl. hierzu DWD 2017).

Innerhalb der letzten 68 Jahre hat sich die Durchschnittstemperatur in Niedersachsen um 1,6 Grad Celsius erhöht. Im gleichen Zeitraum stieg die Niederschlagsmenge um 6 %. Diese Steigerung ist nicht gleichmäßig über das Jahr verteilt. So beträgt sie im Herbst und Winter um die 20 %, während im Sommer die Niederschläge sogar zurückgegangen sind (vgl. hierzu DWD 2017). Welche enormen Auswirkungen Starkregenereignisse annehmen können, wurde erst wieder im Juli 2021 in Rheinland Pfalz und in Nordrhein-Westfalen deutlich aufgezeigt. Mit 181 verstorbenen Bewohnerinnen und Bewohnern (Tagesschau 2021) handelt es sich um eine der größten Hochwasserkatastrophen in Deutschland.

Hochwasserereignisse in den Gebirgsregionen (Hoch- und Mittelgebirge) haben zudem die sehr unangenehme Eigenschaft, dass es für die Bevölkerung und die Rettungskräfte zumeist nur sehr kurze Vorwarnzeiten gibt. Je weiter entfernt die bewohnten Bereiche von den Niederschlagsgebieten in den Bergen entfernt liegen, desto rechtzeitiger kann mittels einer entsprechenden Vorwarnzeit auf das bevorstehende Ereignis reagiert werden. Somit ist es die unabdingbare Pflicht aller Verantwortungsträger, sich im vorbeugenden und abwehrenden Hochwasserschutz auf diese Situationen einzustellen.

Vor dem Hintergrund des Klimawandels ist davon auszugehen, dass sich ähnliche Wetterlagen künftig vermehrt einstellen werden. Für den Katastrophenschutz in Deutschland bedeutet dies die Erforderlichkeit, sich auf die hiermit einhergehenden Szenarien noch deutlich besser als bisher vorzubereiten (Fricke/Bruns 2017). Zu den weiteren Auswirkungen des Klimawandels auf das Einsatzgeschehen der Feuerwehren und Hilfsorganisationen sei hier im Besonderen auf die Publikationen von Jens Motsch verwiesen (vgl. Motsch 2019: S. 18-50 u. 2021: S. 809-824). In den beiden Publikationen wird sehr deutlich auf das zukünftige Gefahrenpotenzial bei Extremwetterlagen verwiesen. Zudem werden die Wetterereignisse anhand vieler Schaubilder gut vermittelt.

Bild 1:   *Überschwemmte Ortslage; hier ein Beispiel aus dem Vorharzgebiet, Rhüden 2017 (Bild: Archiv der Feuerwehr Rhüden)*

Die Hochwasserlagen in den Mittelgebirgen haben deutlich gemacht, mit welcher Geschwindigkeit vorgenannte Situationen wie im Harz und Harzrandgebiet 2017, in Rheinland Pfalz und Nordrhein-Westfalen 2021 oder in der Sächsischen Schweiz in Krippen 2021 auftreten. Auch in den Jahren und Jahrzehnten davor gab es immer wieder katastrophale Hochwasserereignisse. Das Niederschlagswasser in den Gebirgen kommt und geht jeweils sehr schnell. Dies bedeutet aber auch, dass mit kurzer Vorwarnzeit sofort reagiert werden muss. Aufgrund der hohen Fließgeschwindigkeit werden hierbei enorme Kräfte freigesetzt, die zu den nur schwer vorstellbaren Zerstörungen, vor allem in den Jahren 2017 und 2021, geführt haben (vgl. hierzu Fricke/Bruns 2017).

Eine weitere beispielhafte Erkenntnis der durchlebten Hochwasserlagen im Harz 2014 und 2017 bestand darin, dass die Hochwasserbekämpfungen in den einzelnen Kommunen sowohl materiell als auch taktisch nicht aufeinander abgestimmt waren. Nach den Ereignissen im Harz 2017 ordneten sich der Landkreis und die kreisangehörigen Kommunen neu. Es wurden umfangreiche Investitionskonzepte für die Hochwasserbekämpfung erstellt und die Feuerwehren stellten sich einsatztaktisch neu auf. Dies trug zu einer weiteren Harmonisierung der kommunalen Hochwasserbekämpfung bei (vgl. hierzu Fricke/Bruns 2018).

Bild 2 und 3:   *Anhand dieser beiden Aufnahmen kann man gut erkennen, wie stark auch kleine Gebirgsbäche anschwellen können (Bild: Archiv der Feuerwehr Goslar)*

Bild 4 und 5:   *Auch diese beiden Bilder veranschaulichen gut, wie kleine Gebirgsbäche anschwellen können (Bild 5: Archiv der Feuerwehr Goslar).*

Weltweit sind sich mittlerweile die Expertinnen und Experten einig, dass durch die klimatischen Veränderungen aufgrund der höheren Erwärmung der Atmosphäre zukünftig mit deutlich mehr und vor allem intensiveren Niederschlagsereignissen zu rechnen ist.

Wie aus Berichten der Vergangenheit regelmäßig zu entnehmen ist, gab es auch schon in den früheren Jahren extreme Hochwasserereignisse. In der Natur des Menschen liegt es allerdings, das frühere Ereignisse und Erlebtes recht schnell verdrängt werden und somit aus dem Bewusstsein verschwinden. Wenn in den vergangenen Jahrzehnten zum wiederholten Male Flüsse begradigt, Uferböschungen erhöht und Auenlandschaften in Baugebiete verwandelt werden, so ist es doch nicht verwunderlich, wenn diese Gebiete zu den mit am stärksten von Starkregenereignissen betroffenen Räumen gehören. Hochwasserschutz fängt bereits bei der

Bauleitplanung und bei der Flächennutzungsplanung an. Häufig werden die Meinungen der Experten/Expertinnen zum Hochwasserschutz von den politischen Gremien mehr oder weniger missachtet und Flussauen zu Baugebieten umgewandelt. Fraglich ist auch, wenn zerstörte Gebäude oder ganze Ortslagen nach einem Hochwasserereignis unverändert wieder an gleicher Stelle errichtet werden.

Weitere verstärkende Faktoren bei Hochwasserlagen

Neben den eigentlichen Niederschlagsmengen und den Zeitfaktoren, also in welcher Zeitspanne welche Mengen an Niederschlägen niedergehen, gibt es noch eine ganze Reihe weitere Einflüsse, die eine Hochwasser- bzw. Starkregenlagen verstärken bzw. verschärfen können. Hierzu zählen in erster Linie die jeweiligen topografischen Lagen und weitere Faktoren wie z. B. die Bewirtschaftung der Forst und Ackerflächen im Niederschlagsgebiet. Steile Hanglagen, wie sie es in den Mittel- und Hochgebirgsregionen gibt, führen zu einem Ansteigen der Fließgeschwindigkeiten bei den abfließenden Niederschlagswässern. Fehlt an diesen Steillagen (Steilhängen) zudem auch noch der Bewuchs, der ggf. das abfließende Wasser bremst und die Abflussraten in Richtung Tal dadurch verzögert, gelangt das Niederschlagswasser sehr schnell in die jeweiligen Vorfluter und lässt deren Pegel rasant ansteigen.

Ein nicht zu unterschätzender Störfaktor ist das in den Wäldern liegende Holz (gefällte Baumstämme), in erster Linie dient es dem ökologischen Gleichgewicht, bei einem Starkregenereignis kann es jedoch dazu führen, dass sich die Unwettersituation drastisch verschlimmert. Am Beispiel des katastrophalen Hochwasserereignisses im Ahrtal in Nordrhein-Westfalen im Sommer 2021 hat ein Team des Helmholtz-Zentrums in Potsdam des Deutschen GeoForschungsZentrum (GFZ) bei Untersuchungen festgestellt, dass die Hochwassereffekte des starken Niederschlages durch mitgerissenes Totholz verstärkt wurden. Wörtlich heißt es dort:

»Die Effekte, die die Forschenden des Helmholtz-Zentrum Potsdam – Deutsches GeoForschungsZentrum GFZ dafür verantwortlich machen, sind in Mitteleuropa bisher kaum aufgetreten und daher auch nicht berücksichtigt worden. Vor allem mitgerissenes Treibholz und Sedimente dürften mit fortschreitendem Klimawandel stärker in den Fokus rücken« (Reckter 2021).

Die Forscher/Forscherinnen des Deutschen GeoForschungsZentrums wurden laut dem Bericht sogar unmittelbare Zeugen der extremen Niederschlagsflut, da sie Wochen zuvor für Untersuchungen auf einer drei Meter hohen Terrasse Seismik Stationen an der Ahr aufgebaut hatten. Wie die Forscherinnen und Forscher berichten, stieg dann das Wasser in der Ahr so rasant, dass nach kurzer Zeit die

Seismik Stationen völlig zerstört und fortgerissen waren. Mittels der Seismik Stationen sollte der Zweck verfolgt werden, bei turbulent fließendem Wasser den Gerölltransport zu dokumentieren (vgl. Reckter 2021).

Welche enorme Kraft das abfließende Wasser in Gebirgsbächen entfalten kann, lässt sich allenthalben in den Bachläufen der Mittel- und Hochgebirgsregionen anschaulich beobachten. Bei starken Abflussereignissen vibriert die gesamte Umgebung der jeweiligen Flussläufe, durch den Transport des Gerölls. Die Gesteinsbrocken, die dadurch mitgerissen werden, können schnell die Größe von Kleinwagen erreichen. In dem GFZ-Bericht wird Michael Dietze von der Sektion Geomorphologie am GFZ und am Geografischen Institut der Universität Bonn zitiert: »Die Flut in den Tälern der Eifel war weitaus gewaltiger, schneller und unberechenbarer, als wir das für ein solches Ereignis in der Mitte Europas bislang angenommen haben«. Laut Dietze sind diese vielfältigen Ursachen zwar bekannt, allerdings nicht in Mitteleuropa, sondern mehr aus den Wüsten- und Tropenregionen (vgl. Reckter 2021). Mitgerissene Geröll- und Holzmassen waren auch besonders verstärkende Faktoren beim katastrophalen Hochwasserereignis im Landkreis Goslar im Bundesland Niedersachsen im Juli 2017. Innerhalb kurzer Zeit wurden große Geröllmassen, ähnlich wie bei Murenabgängen in den Hochgebirgen, auf mehrspurige Bundesstraßen gespült und dadurch die enormen Niederschlagswässer unkontrolliert in die Städte geleitet.

In dem GFZ-Bericht ist weiter nachzulesen, dass nach den wochenlangen Regenfällen die Böden gesättigt waren und das Niederschlagswasser dadurch nicht mehr versickern konnte. Im abschüssigen Gelände und vor allem an den Steilhängen floss das Wasser dann nicht als dünner Wasserfilm die Hänge herunter, sondern verwandelte sich in einem breiten Strom. Laut dem GFZ-Bericht erreichte dabei das abfließende Wasser Geschwindigkeiten von mehreren Metern pro Sekunde. Das Niederschlagswasser floss somit bis zu hundertmal schneller als ansonsten üblich zu Tal. Dadurch kam es anschließend in den Tälern zu einer enormen Flutwelle. Die dabei freiwerdenden Erosionskräfte trugen dazu bei, dass sich das Wasser in die Hänge regelrecht hineingrub und große Mengen an Sedimenten und vor allem an Holz (Baumstämme und Astwerk) mit sich rissen. Das mitgerissene Totholz verfing sich danach unter Brücken, hier vor allem an den daran angebrachten Versorgungsleitungen und es kam zu einer »Staudammbildung«. Das mitgerissene Geröll führte zu einer Aufschotterung der Flussbetten und somit zu einer Verringerung des Abflussprofils. Dies führte wiederum dazu, dass bislang nicht vom Hochwasser betroffene Gebiete überflutet wurden (vgl. Reckter 2021).

Haben sich bei einem Hochwasser- oder Starkregenereignis dann Abflusshindernisse erst einmal aufgebaut, so lassen sich diese oftmals nur schwer durch die

Einsatzkräfte wieder beseitigen. Ohne schwere Baumaschinen, wie z. B. Bagger mit Greifarmen, ist solchen Abflusshindernissen kaum beizukommen. Bricht gar ein solcher, sich durch Verklausungen aufgebauter Damm, so kann es durch das danach unkontrolliert abfließende Wasser zu weiteren Schäden an der Infrastruktur und an der Bebauung kommen. Insbesondere Aufschotterungen durch Geschiebe sind nur mit schweren Baumaschinen wieder zu beseitigen. Oftmals dauert es Tage bis Wochen, solche Aufschotterungen insbesondere unter Brückenbauwerken zu beseitigen.

Verklausungen:

Als Verklausungen bezeichnet man die Verstopfung eines Fließgewässerquerschnitts durch Holz, Geschiebe usw.

Bild 6: *Gebäudeschäden durch einen Gebirgsbach der in sein ursprüngliches Bachbett zurückgekehrt ist (Bild: Archiv der Feuerwehr Clausthal-Zellerfeld).*

Dietze teilt in dem GFZ-Bericht mit:

»Mit anhaltendem Klimawandel werden wir Niederschlagsereignisse wie das am 14. Juli 2021 ziemlich häufig erleben. Daher muss die Forschung jetzt beginnen, durch Starkregen ausgelöste Hochwässer nicht nur als Phänomen von zu viel schnell

17

fließendem Wasser zu verstehen, sondern auch die damit einhergehenden selbstverstärkenden Effekte einzubeziehen, die teilweise ebenfalls durch den Klimawandel begünstigt werden« (Reckter 2021).

Für die Einsatzkräfte bedeuten diese Erkenntnisse und Erfahrungen aus den vergangenen Hochwasser- und Starkregenereignissen, dass man auch diese Faktoren in seiner einsatztaktischen Planung mit einfließen lassen muss. Die permanente Kontrolle, ob sich Verklausungen im Bereich der Infrastruktur aufbauen, obliegt somit den Einsatzkräften, damit man im Fall der Fälle noch geeignete Gegenmaßnahmen umsetzen oder zumindest die betroffene Bevölkerung warnen kann. Bei der Beseitigung allzu großer Holzmassen kommt den Wald- und Grundstücksbesitzerinnen und -besitzern oder Pächterinnen/Pächtern eine Schlüsselrolle zu.

Bild 7:   ***Massive Schäden an den Fundamenten bei diesem Haus waren die Folge eines Sturzbaches (Bild: Archiv der Feuerwehr Clausthal-Zellerfeld)***

Große Mengen an Geschiebematerial lassen sich auch mit den herkömmlichen Einsatzmitteln der kommunalen Feuerwehren kaum beseitigen. Hierfür müssen die schweren Räumgeräte des THW und oder von privaten Baufirmen eingesetzt werden.

Achtung:

Durch zukünftige Wetterextreme entstehen nicht unerhebliche Gefahren für die Menschen und vor allem für die Einsatzkräfte.

3 Hochwasser, Starkregen und Sturzfluten

3.1 Erläuterungen zum Begriff Hochwasser

In der Fachliteratur und im allgemeinen Sprachgebrauch werden die Begriffe wie
»Hochwasser«, »Starkregen« und seltener auch der Begriff »Sturzfluten« verwendet. In diesem Kapitel soll kurz auf die unterschiedlichen Begriffe eingegangen
werden.

Im Wasserhaushaltsgesetz findet sich zum Begriff »Hochwasser« nachstehend
zitierte Definition im § 72 Hochwasser:

*»Hochwasser ist eine zeitlich beschränkte Überschwemmung von normalerweise
nicht mit Wasser bedecktem Land, insbesondere durch oberirdische Gewässer oder
durch in Küstengebiete eindringendes Meerwasser. Davon ausgenommen sind
Überschwemmungen aus Abwasseranlagen«.*

Im weiteren Gesetzestext finden sich im § 73 Hinweise zur Bewertung von Hochwasserrisiken und den entsprechenden Risikogebieten. Danach ist festgelegt, dass
die zuständigen Behörden für die entsprechenden Gebiete signifikante Hochwasserrisiken beurteilen und festlegen. Diese Beurteilung erfolgt in der Regel durch eine
Kombination von möglichen nachteiligen Hochwasserrisiken für die Bevölkerung, für
die Umwelt, für das Kulturerbe und für wirtschaftliche Tätigkeiten, die je nachdem
mit der Gefahr von Schäden an erheblichen Sachwerten einhergehen – bezogen auf
deren Wahrscheinlichkeit des Eintritts. Die jeweilige Risikobewertung muss den
Richtlinien des Europäischen Parlaments entsprechen und ist für jede einzelne
Flussgebietseinheit durchzuführen. Bei den Risikobewertungen tauschen die zu-
ständigen Behörden bedeutsame Informationen u. a. mit den Behörden anderer
Länder und Mitgliedsstaaten der Europäischen Union aus (vgl. hierzu Gesetz zur
Ordnung des Wasserhaushalts (Wasserhaushaltsgesetz – WHG) in der Fassung vom
31.07.2009: S. 37). Wie man dem weiteren Gesetzestext entnehmen kann, sind die
zuständigen Behörden aufgefordert, zusätzlich zum gegenseitigen Austausch der
Risikobewertungen auch Risikogebiete zu bestimmen. Siehe hierzu im § 73 des
Wasserhaushaltsgesetzes auch den Absatz 6. Hier wird darauf hingewiesen, dass den
voraussichtlichen Auswirkungen des Klimawandels auf das Hochwasserrisiko Rechnung zu tragen ist.

Im § 74 (Gefahrenkarten und Risikokarten) des Wasserhaushaltsgesetzes sind die
zuständigen Behörden aufgefordert, die Gefahrenkarten und Risikokarten für ihre

maßgebenden Bewirtschaftungseinheiten in einem geeigneten Maßstab zu erstellen (vgl. hierzu WHG § 74, Abs. 1: S. 37). Im Wasserhaushaltsgesetz ist weiterhin im § 74 geregelt, welche Gebiete in den Gefahrenkarten zu erfassen sind. Es werden hierzu Definitionen getroffen, nach dem die Gebiete, die bei einem Hochwasserereignis überflutet werden können, einzuteilen sind:

- Hochwasser mit niedriger Wahrscheinlichkeit (voraussichtliches Wiederkehrintervall mindestens 200 Jahre) oder bei Extremereignissen,
- Hochwasser mit mittlerer Wahrscheinlichkeit (voraussichtliches Wiederkehrintervall mindestens 100 Jahre),
- soweit erforderlich, Hochwasser mit hoher Wahrscheinlichkeit.

Im Gesetz ist weiterhin geregelt, welche Mindestangaben in den Gefahrenkarten und Risikokarten anzugeben sind. Dies sind Angaben zum Ausmaß der Überflutung, zur Wassertiefe und falls erforderlich Angaben zum Wasserstand. Gegebenenfalls finden sich dort auch Angaben zur Fließgeschwindigkeit und zu weiteren bedeutsamen Wasserabflüssen (vgl. hierzu WHG § 74, Abs. 1: S. 37 f).

Im § 75 des Wasserhaushaltsgesetzes finden sich zudem weitere Angaben zu den Risikomanagementplänen. Laut dem Gesetz dienen diese dazu,

»die nachteiligen Folgen, die an oberirdischen Gewässern mindestens von einem Hochwasser mit mittlerer Wahrscheinlichkeit und beim Schutz von Küstengebieten mindestens von einem Extremereignis ausgehen, zu verringern, soweit dies möglich und verhältnismäßig ist. Die Pläne legen für die Risikogebiete angemessene Ziele für das Risikomanagement fest, insbesondere zur Verringerung möglicher nachteiliger Hochwasserfolgen für die in § 73 Absatz 1 Satz 2 genannten Schutzgüter und, soweit erforderlich, für nichtbauliche Maßnahmen der Hochwasservorsorge und für die Verminderung der Hochwasserwahrscheinlichkeit.«

Zudem dürfen die Risikomanagementpläne keine Maßnahmen enthalten, die eventuell in den angrenzenden Ländern und Staaten im selben Einzugsgebiet oder Teilen davon, zu einer Verschärfung der Hochwassersituation führen würden (vgl. hierzu WHG § 74, Abs. 1: S. 38).

3.2   Erläuterungen zum Begriff Starkregenereignis

Im fachlichen Sprachgebrauch sprechen die Meteorologen von einem Starkregenereignis, wenn innerhalb eines abgegrenzten Gebietes, man nimmt hierbei Flächen von 50 bis 100 km² zur Grundlage der Definition, innerhalb sehr kurzer Zeit sehr hohe Niederschlagsmengen niedergehen. Der Deutsche Wetterdienst (DWD) gibt hierzu eine Niederschlagsmenge von mindestens 10 Liter pro m² an (vgl. Goderbauer-Marchner/Sontheimer et al. 2015: S. 23).

Starkregenereignisse werden häufiger in den Sommermonaten beobachtet, in der Zeit von Mai bis September, vorwiegend in den späteren Nachmittagsstunden. Bei einem Starkregenereignis handelt es sich um konvektive Niederschlagsereignisse. Diese werden durch starke Aufwärtsbewegungen der gerade im Sommer vorkommenden feucht-warmen Luftmassen ausgelöst. Weitere Begleiterscheinungen sind oftmals starke Gewitter, verbunden mit Hagelschauern. Solche Starkregenereignisse können überall in Deutschland vorkommen. Da solche Wettereignisse oftmals sehr lokal begrenzt sind, lassen sie sich auch nicht punktuell genau von den Wetterdiensten vorhersagen. Diese Wetterphänomene treffen dann die Bevölkerung zumeist völlig unvorbereitet. Sind die zuständigen Verwaltungen und Hilfsorganisationen ebenfalls unvorbereitet, kommt es zumeist zu verheerenden Schäden, die jeden treffen können, ohne Rücksicht auf die örtlichen Gegebenheiten (vgl. Goderbauer-Machner/Sontheimer et al. 2015: S. 24).

Die Starkregenereignisse werden je nachdem, welche Intensität sie aufweisen, in HQ-100 und HQ-extrem-Ereignisse eingeteilt. Aufschlussreiche Übersichten findet man auf der Internetseite des Deutschen Wetterdienstes und dort im KOSTRA-Atlas.

KOSTRA-Atlas des DWD:

Auf der Internetseite des Deutschen Wetterdienstes: www.dwd.de (Stand März 2022) findet man allgemeine Informationen zur Wettersituation in Deutschland sowie hilfreiche Warnhinweise. Die Koordinierte Starkniederschlagsregionalisierung und -auswertung des DWD (KOSTRA) kann beispielhaft genannt werden.

Es bleibt festzustellen, dass nicht jedes Starkregenereignis ein großes Zerstörungspotenzial besitzt. Das Potenzial einer besonderen Zerstörungskraft hängt zumeist auch von den topografischen Gegebenheiten im Niederschlagsgebiet gab. Hier wären als besondere Faktoren wie die Niederschlagsmenge, die Beschaffenheit des Bodens, die geologische Beschaffenheit, die Reliefeigenschaften und vor allem die Nutzungsart der Landschaft zu nennen. Je mehr versiegelte Flächen und bebaute Flussauen es gibt, desto stärker wirken sich zumeist die Niederschläge aus. Neben den Flächenstaaten sind im Besonderen die Ballungsräume (Großstädte) von Starkregenereignissen betroffen (vgl. Goderbauer-Machner/Sontheimer et al. 2015: S. 26).

Je nachdem, wie viel der Boden in einem Niederschlagsgebiet an Regen aufnehmen kann, in welchem Zeitraum der Niederschlag niedergeht und mit welchen

Niederschlagsmengen das Ereignis einhergeht, kommt es zu gravierenden Schäden. Diese vermehren sich noch, wenn die Infrastruktur wie Abflüsse und Abwasserkanalisationen dem Ereignis nicht gewachsen sind. Ein Starkregen ist ein lokales, plötzlich auftretendes, mit sintflutartigen Niederschlägen einhergehendes zerstörerisches Ereignis (vgl. Goderbauer-Machner/Sontheimer et al. 2015: S. 27).

Haben wir bei einem Starkregenereignis eine längere Verweildauer an einem Ort, so kann es durch die Unmengen an Niederschlag, welche auf einer begrenzten Fläche niedergehen zu einer extremen Verstärkung der Ereignisse kommen, die letztendlich in einer Sturzflut enden. Das Harzer Mittelgebirge ist im Jahr 2017 gerade so um eine solche Sturzflut herumgekommen. Wäre die Niederschlagsmenge von annähernd 300 mm in 72 Stunden, in kurzer Zeit niedergegangen, so hätte dies zu einer ähnlich gearteten Hochwasserkatastrophe, wie sie sich letztendlich im Ahrtal im Juli 2021 ereignet hat, geführt. Laut Auskunft der örtlichen Meteorologen hätte hierzu schon die Niederschlagsmenge von ca. 150 Liter/Stunde ausgereicht.

Starkregenereignis:

Von einem Starkregenereignis sprechen Meteorologen wenn in einem begrenzten Gebiet (ca. 50 bis 100 km² innerhalb einer relativ kurzen Zeitspanne (angegeben ist hier 1 Stunde) eine Niederschlagsmenge von mindestens 10 Liter je Quadratmeter niedergeht (vgl. auch Hamacher/Cimolino 2021: Abschnitt Hochwasser).

3.3   Erläuterungen zum Begriff Sturzfluten

Das Climate Service Center (CSS) unterscheidet Sturzfluten in zwei Typen: einmal in Sturzfluten, die sich im flachen Land, und einmal in Sturzfluten, die sich in den Mittelgebirgsregionen bilden. Die beiden Sturzfluttypen unterscheiden sich hierbei aufgrund der topografischen Verhältnisse in ihrer Strömungscharakteristik. Während das Wasser im flachen Gelände langsamer abfließt, dafür aber eine längere Verweildauer hat, kann es im Gebirge sehr schnell mit einer sehr kurzen Verweildauer abfließen. Allerdings verkürzt sich in den Mittelgebirgen die Vorwarnzeit dabei erheblich, bzw. es gibt gar keine Vorwarnzeit. Ist der Boden im flachen Land gesättigt, kann er kein Wasser mehr aufnehmen und es herrscht eine Sättigung der Infiltrationskapazität. Im Gebirge geht die Sturzflut einher mit einer großen Abflussgeschwindigkeit, dadurch werden starke Erosionskräfte freigesetzt. Mitgerissenes Treibgut, zumeist Geschiebe (Geröll), Unrat und Bäume, führen dann zur weiteren Schadensverstärkung. Auf landwirtschaftlichen Flächen können so auch gefährliche Schlammlawinen entstehen. Das mitgerissene Treibgut und die erosive Kraft des Wassers können hierbei sogar massive Zerstörungen an Betonbauten hervorrufen, wie z. B. im Jahr 2021 in Berchtesgaden am Königsee bei der Bobbahn geschehen (vgl. Goderbauer-Machner/Sontheimer et al. 2015: S. 28).

Die Kanalnetze innerhalb der urbanen Bereiche sind bei einer Sturzflut in kürzester Zeit überlastet, ebenso Gräben und Teiche, die danach überlaufen und weitere Schäden verursachen. Größere Gewässer sind in der Regel gar nicht an einem Sturzflutereignis beteiligt. Vielmehr sind dies bis dato oftmals unbekannte Abflusswege, Forstwege und Straßen, die zu reißenden Bächen werden. Kommunale Entscheidungsträgerinnen und -träger kennen zumeist solche Ereignisse im Vorfeld kaum und die gesamte Infrastruktur ist auf solche Sturzfluten zumeist nicht vorbereitet.

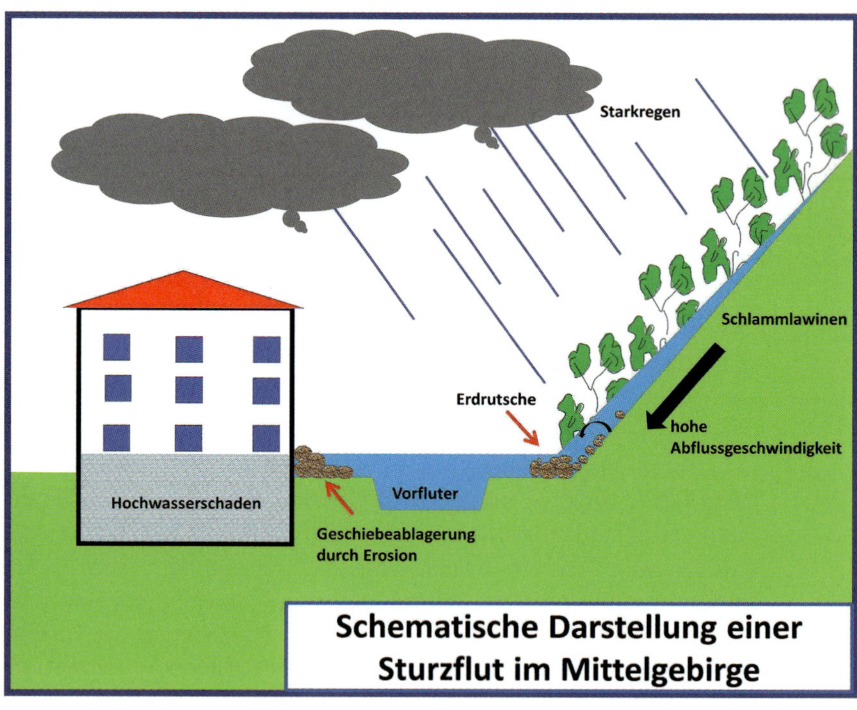

Bild 8:   *Vereinfachte Darstellung einer Sturzflut*

Goderbauer-Machner/Sontheimer et al. (2015: S. 49) merken hiermit zu Recht an:

»Im Gegensatz zu einem klassischen Flusshochwasser, dem meist wochenlange Regenfälle vorausgehen und das somit über ein gewisses Maß an Vorhersehbarkeit und Berechenbarkeit verfügt, sind Starkregen und Sturzfluten unvorhersehbar, unregulierbar, ungezügelt und unverhältnismäßig – oder kurz: anarchistisch. Und zwar für alle Betroffenen […].«

Wie zutreffend diese Aussagen aus dem Jahr 2015 sind, sollte sich mit erschreckender Grausamkeit bei der Hochwasserkatastrophe im Juli 2021 in Nordrhein-Westfalen und in Rheinland-Pfalz zeigen.

4 Schadenbilder und Gefahren bei Hochwasserereignissen

Schon seit Menschengedenken wird die Bevölkerung von Hochwasserereignissen in mehr oder minder regelmäßigen Abständen heimgesucht. Welche ungeheuren Ausmaße solche Hochwässer nach Starkregenereignissen haben können, hat die Hochwasserkatastrophe in Nordrhein-Westfalen und Rheinland-Pfalz in der Nacht vom 14. auf den 15. Juli 2021 gezeigt. Starke Niederschläge führten dazu, dass sich eine große Hochwasserwelle durch das Ahrtal wälzte. Es entstanden Schäden in Milliardenhöhe, so dass sich dieses Hochwasserereignis zu einer der schlimmsten Katastrophen der Nachkriegszeit in der Bundesrepublik Deutschland ausweitete. Bei solchen massiven Unwetterkatastrophen sind auch die Feuerwehren und die Hilfsorganisationen machtlos. Oberstes Gebot ist hierbei eine rechtzeitige Warnung der Bevölkerung, damit diese noch eine reelle Chance bekommt, sich in Sicherheit zu begeben.

Bild 9: *Eine durch Hochwasser überflutete Ortschaft (Bild: Archiv der Feuerwehr Rhüden)*

Mit welchen Schadenbildern können die Feuerwehren und die Hilfsorganisationen bei Starkregenereignissen mit Hochwasser in der Folge rechnen? In der Regel laufen nach starken Regenfällen, wenn die örtlichen Kanalisationen diese Niederschlagswasser nicht mehr aufnehmen können, in erster Linie tiefer gelegene Räume wie Keller, Garagen und ähnliche Räumlichkeiten voll Wasser. Hierbei gilt es für die Einsatzkräfte ein besonderes Augenmerk auf die Gefahren durch Elektrizität (vgl. Kapitel 15) zu haben. Des Weiteren können Gefahren von in den Räumen gelagerten Stoffen ausgehen. Nur allzu oft findet man bei solchen Einsätzen eine Vielzahl an gefährlichen Stoffen vor. Seien es Kraftstoffe, Reinigungsmittel, Chemikalien usw. Heizöltanklagerstätten verdienen eine besondere Betrachtung, da von ihnen zumeist eine besondere Gefahr ausgeht, wenn die Tanks aufgrund des geringeren spezifischen Gewichtes des Heizöls beginnen aufzuschwimmen. Dadurch können die Verbindungsleitungen beschädigt und undicht werden oder sogar komplett abreißen. Zudem besteht die Gefahr, dass die Lagerbehältnisse umkippen und sich somit schlagartig der gesamte Inhalt in die überschwemmten Räume ergießt. Das ausgetretene Heizöl vermischt sich danach sofort mit dem Wasser, bzw. schwimmt auf der Wasseroberfläche und wird somit weit verteilt. Hierdurch kommt es zu Kontamination weiterer Räume in den betroffenen Gebäuden und zu schweren Schäden an den Gebäudestrukturen. Zudem wird die Umwelt nachhaltig durch das ausgetretene Heizöl geschädigt (vgl. auch Hamacher/Cimolino 2021: Abschnitt Hochwasser).

Ausgetretenes Heizöl muss schnellstmöglich mit geeigneten Einsatzmitteln aufgenommen werden, sofern ein rechtzeitiges Abpumpen oder Stabilisieren der Lagerbehältnisse nicht mehr möglich ist. Hierbei kann auch ein Ölsanimat zum Einsatz kommen. Das aufgenommene Heizöl ist anschließend einer fachgerechten Entsorgung zuzuführen. Bei Letzterem sollte nach Möglichkeit auf Fachfirmen zurückgegriffen werden. Wenn große Mengen an Heizöl oder anderer Gefahrstoffe austreten, besteht die Gefahr, dass Gebäude, die durch das damit kontaminierte Schmutzwasser in Mitleidenschaft gezogen werden, abgerissen werden müssen (vgl. Kapitel 17). Es droht hier manchmal der Totalverlust (vgl. Goderbauer-Marchner/Sontheimer et al. 2015: S.22). Das eingetretene Schmutzwasser kann mittels Feuerwehrkreiselpumpen oder besser dafür geeigneten Schmutzwasserpumpen aus den Räumen entfernt werden. Bei geringeren Hochwasserschäden kann auch eine Aufnahme mittels geeigneter Wassersauger durchgeführt werden.

Müssen Einsatzkräfte Gebäude betreten, die von einem Hochwasser- oder Starkregenereignis betroffen sind, sollten die Kräfte besonders vorsichtig vorgehen. In der Regel ist das in Gebäuden eingetretene Wasser sehr schmutzig, so dass man nicht erkennen kann, was sich alles unter der Wasseroberfläche verbirgt. Dies können

Möbelteile oder sogar ganze Fahrzeuge (in Tiefgaragen) sein. In manchen Gebäuden gibt es in den Kellerräumen Sickerwasser- oder Pumpenschächte in welche Einsatzkräfte hineinstürzen können. Hinter Türen können sich aufgestaute Wassermassen befinden, die durch das Öffnen der Tür schlagartig freigesetzt werden. Es können auch schwer belastende Situationen für die Einsatzkräfte eintreten, wenn sie auf verunglückte Personen oder auf Leichen treffen. Grundsätzlich sollte ein direkter Kontakt der Einsatzkräfte mit dem Schmutzwasser unterbleiben. Auf die Einsatzhygiene ist ein besonderes Augenmerk zu legen. Je länger sich das Schmutzwasser in einem Gebäude befindet, desto höher ist die Gefahr, sich durch Keime etc. zu infizieren. Einsatzkräfte mit offenen Wunden sollten grundsätzlich nicht in den Einsatzdienst gehen. Es empfiehlt sich, unter den Einsatzhandschuhen auch Einweghandschuhe zu tragen. Stehen Gebäude oder Gebäudeteile für einen längeren Zeitraum unter Wasser, so erhöht sich auch die Gefahr, dass Gebäudestrukturen nachgeben, Wände und Boden aufweichen, Parkett- und Laminatböden aufschwimmen und Möbelteile umstürzen. All diese Ereignisse gefährden die Einsatzkräfte, die sich in den Gebäuden aufhalten, mehr oder weniger.

Müssen Gebäude, Wohnungen, Keller oder Garagen gewaltsam geöffnet werden, so haben die Einsatzkräfte eine besondere Sorgfaltspflicht zu erfüllen. Bei gewaltsam geöffneten Türen ist nach dem unmittelbaren Einsatz die Verschlusssicherheit der Räume wieder herzustellen, bzw. zu veranlassen. Die Befugnisse zum Betreten von Räumen regeln die jeweiligen Brandschutzgesetzgebungen der einzelnen Bundesländer. Bei teilgefluteten Räumlichkeiten besteht auch die Gefahr, dass durch Kurzschlüsse in den elektrischen Anlagen Brände entstehen können. Nicht in jedem Einsatzfall lassen sich Gebäude ohne großen Aufwand stromlos schalten. In der Regel geschieht dies durch fachkundiges Personal aus den Reihen der Einsatzkräfte (Elektrofachkräfte) oder durch den jeweiligen Energieversorgungsträger. Zu beachten sind auch Stromspeicheranlagen und Photovoltaikanlagen, die sich nicht ohne weiteres abschalten lassen. Besonders durch Gebäudeeinstürze abgerutschte Solarelemente können Gefahren durch Elektrizität hervorrufen. Die einschlägigen VDE-Vorschriften sind auch bei solchen Einsätzen grundsätzlich zu beachten.

Ein ebenso nicht zu unterschätzender Sicherheitsfaktor sind die Bewohner/Bewohnerinnen in einem von Hochwasser betroffenen Gebiet. Die psychische Anspannung kann sich in bestimmten Situationen schnell aufheizen und zu Konflikten mit den Einsatzkräften führen. Oftmals beginnen solche Konflikte aus banalen Anlässen, z.B. wenn der Keller des Nachbarn zuerst ausgepumpt wird oder die Einsatzkräfte ohne tätig zu werden wieder abrücken usw.

Die sich in einem von Hochwasser betroffenen Schadengebiet befindlichen Gebäude bedürfen grundsätzlich einer ausreichenden Erkundung, damit man u. a.

auch Kenntnisse über den Grundwasserspiegel erlangt. Ein zu frühzeitiges Auspumpen von vollgelaufenen Gebäuden kann auch im Nachgang zu schweren Gebäudeschäden, bis hin zum Totalverlust, führen. Durch den eventuell erhöhten Grundwasserspiegel kann es zu einem Aufschwimmen der Gebäudestrukturen, insbesondere der Bodenplatten, kommen. Es wird vom Autor empfohlen, sich ggf. zuvor fachkundige Beratung durch die Mitarbeiter/Mitarbeiterinnen der Unteren Wasserbehörden, der Bauordnungsämter und/oder durch die Baufachberater/-beraterinnen des Technischen Hilfswerkes einzuholen, bevor mit dem Auspumpen der Gebäude begonnen wird (vgl. auch Hamacher/Cimolino 2021: Abschnitt Hochwasser).

Achtung:

Bei den Hochwasserereignissen an der Elbe mussten hierbei die Einsatzkräfte schmerzhafte Erfahrungen sammeln, nachdem es durch zu frühzeitiges Auspumpen von Gebäuden zu schweren Schäden an den Gebäudestrukturen kam.

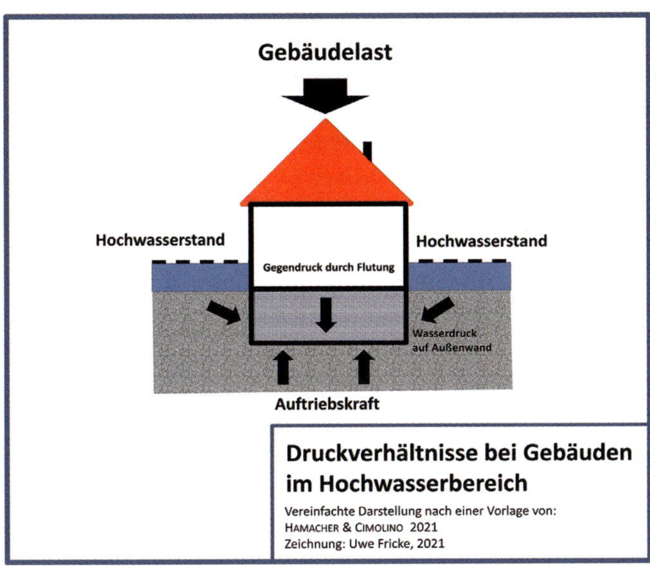

Bild 10: *Druckverhältnisse bei Gebäuden im Hochwasserbereich*

Laut dem Bundesamt für Bevölkerungsschutz und Katastrophenhilfe Referat II.5 – Baulicher Bevölkerungsschutz, Wassersicherstellung ist erkennbar, dass die Flächenstaaten Bayern, Baden-Württemberg und Sachsen statistisch gesehen am häufigsten von Hochwasserereignissen betroffen sind. Aber auch die Ballungsräume wie Berlin, München, Frankfurt am Main sowie die Ortschaften entlang der großen Flüsse wie Rhein, Donau, Oder und Elbe sind starkregen- und/oder hochwassergefährdet (vgl. Goderbauer-Marchner/Sontheimer et al. 2015: S. 26). Dies schließt aber nicht aus, dass weitere Gebiete in Deutschland von solchen Ereignissen verschont bleiben, wie erst das jüngste Beispiel im Ahrtal mit schrecklichen Folgen gezeigt hat. Im Folgenden werden verstärkt Starkregenereignisse und Hochwässer, wie man sie des Öfteren in den Mittelgebirgsregionen antrifft, in den Fokus genommen. Da nicht jedes Starkregenereignis dieselben Gefahren beinhaltet, muss jedes Ereignis für sich differenziert betrachtet werden. Die Folgen von Starkregen können somit sehr unterschiedlich sein.

Ein Starkregenereignis kann zu einer Sturzflut führen. Ausschlaggebend hierfür ist immer die Verweildauer eines Niederschlagsgebietes und die damit einhergehenden Niederschlagsmengen in Relation zur Niederschlagsdauer (Zeitfaktor). Je mehr Niederschlag in kurzen Zeiträumen niedergeht, desto größer ist die Gefahr, dass eine Sturzflut ausgelöst wird – so geschehen im Ahrtal. Die Topografie ist dabei der zweite entscheidende Faktor. Je steiler die Hanglagen auf denen der Niederschlag abregnet, desto höher ist in der Regel auch die Fließgeschwindigkeit der zu Tal fließenden Regenmengen (vgl. Kapitel 3.3).

Insbesondere in den Mittelgebirgsregionen ist häufig ein Abtrag durch Erosion der Oberflächenstrukturen zu beobachten. Damit einhergehend werden oftmals große Mengen an Geröll (Geschiebe) zu Tal befördert. Gelangen diese Geröllmassen in die Abflussprofile der Bäche und Flüsse, so werden deren Sohlen aufgeschottert und das Abflussprofil dadurch deutlich verringert. Hierbei können schnell tausende Tonnen an Material zusammen kommen, welches nicht nur die Flussläufe beeinträchtigt, sondern genauso schnell auch die Infrastruktur der Verkehrswege nachhaltig beeinträchtigt. Häufig kommt es hierbei auch zu einem kompletten Ausfall der Verkehrswege.

Neben dem Abtrag durch Erosion gelangen durch Hangrutschungen auch weitere Fremdkörper in die Abflussprofile der Flüsse und Bäche. Hier sind im besonderen Maße Totholzbestände zu erwähnen. Durch die moderne Forstwirtschaft, die zudem einem starken wirtschaftlichem Druck ausgesetzt ist, bleibt häufig sehr viel Totholz und Reisig auf den steilen Hängen der Mittelgebirgsregionen zurück. Werden diese Holzreste durch starke Abflüsse von den Hängen zu Tal gespült und gelangen diese danach in die Abflussprofile, so kommt es regelmäßig zu Verklausungen. Diese findet man dann häufig unter Brückenbauwerken. Solche Verklausungen können sich zu richtigen Dämmen entwickeln und irgendwann wird der Wasserdruck so stark, dass der Damm bricht und sich eine weitere oder zusätzliche Flutwelle entwickelt.

Bild 11 und 12: *Ablagerung großer Mengen Geschiebe nach einem Hochwasserereignis (links). Totholz in den Oberläufen der Gebirgsbäche kann im Unterlauf zu schweren Schäden und Verklausungen führen (rechts).*

Bei vielen Brückenbauwerken befinden sich Versorgungsleitungen an den Bauwerksstrukturen. Zumeist handelt es sich hierbei um Versorgungsleitungen für die Kommunikation, für die Erdgasversorgung, für die Trinkwasserversorgung und für die Stromversorgung. Je nachdem welches Medium sich an einem Brückenbauwerk befindet, kann es zu einer erheblichen Gefahrensteigerung kommen, wenn zum Beispiel mitgerissene Baumstämme mit hoher Geschwindigkeit gegen solche Versorgungsleitungen gedrückt werden. Gas- und Trinkwasserleitungen können hierbei undicht werden. Stromleitungen können je nach Kilovoltstärke zu erheblichen Gefahren durch unkontrollierte Elektrizität werden. Aber auch Schmutzwasserleitungen können von solchen Havarien betroffen sein und zu schweren Umweltschäden durch den Austritt von Fäkalien führen. Je nach Fließgeschwindigkeit im betreffenden Abfluss können große Baumstämme mitgerissen werden und somit eine gewaltige Kraft entwickeln.

Durch das schnell fließende Wasser in den Abflussprofilen werden mitunter auch Ufermauern schwer beschädigt. Uferbefestigungen aus Wasserbausteinen werden bei solchen Ereignissen oftmals komplett weggerissen und die fortgespülten Steine führen an anderen Stellen zu Abflusshindernissen. Stehen Gebäude sehr nah an den Ufern von Bächen und Flüssen, so kommt es regelmäßig vor, dass diese Gebäude stark beschädigt werden. Dies kann schnell zu einem Totalverlust führen. Personen, die sich zu diesem Zeitpunkt noch in solchen betroffenen Gebäuden befinden, sollten schnellstens aufgefordert werden, die Gebäude zu verlassen, da es jederzeit zu einem unkontrollierten Versagen der Gebäudestrukturen kommen kann.

Bild 13:   *Ein unter einer Brücke verklemmter Baumstamm*

Bild 14 und 15:   *Gebäudeschaden nach Sturzflut im Jahr 2017 im Harz. Schwere Gebäudeschäden sind oftmals die Folge von Hochwasserereignissen (Bild 14: Archiv der Feuerwehr Clausthal-Zellerfeld; Bild 15: Archiv der Feuerwehr Bad Harzburg).*

Bild 16:   *Mit Big Bags gesicherte Uferbefestigung und Gebäudeteile*

Werden bei sehr starken Hochwasserereignissen, Starkregen und Sturzfluten Fahrzeuge, Straßenmobiliar und viele andere zumeist sperrige Gegenstände mitgerissen, so können auch diese Materialien zur Bildung von Abflusshindernissen führen. Oftmals nehmen diese Hindernisse solch umfangreiche Formen an, dass sie nur mittels schweren Geräten (Bagger, Radlager, Kränen etc.) wieder zu entfernen sind.

Von der Bevölkerung, aber auch von Einsatzkräften wird oftmals die Kraft des abfließenden Wassers unterschätzt. Je nach Untergrundbeschaffenheit, Fließgeschwindigkeit und Höhe des abfließenden Wassers, kann es sogar auf befestigten Straßen zu erheblichen Gefährdungen kommen, wenn sich Personen in die Abflussbahnen begeben. Schon wenige Zentimeter Wasserstand reichen hierbei aus, um zumindest Personen zu Fall zu bringen. Bei höheren Wasserständen werden Personen dann einfach durch die Fluten mitgerissen. Hierbei kommt es regelmäßig zu schweren Personenschäden bis hin zum Tod der betroffenen Menschen. Solche Situationen können auch schnell dazu führen, dass speziell ausgebildete und ausgerüstete Strömungsretter an ihre Einsatzgrenzen stoßen.

Werden Straßen und Wege oder auch Schienenwege überflutet, so können hierbei Unterspülungen vorkommen, die je nach Umfang schwere Schäden an der Infrastruktur zur Folge haben können. Stark abfließendes Wasser ist ohne weiteres in der Lage, große Flächen von verlegten Pflastersteinen regelrecht abzufräsen. Das gelöste Material wird hierbei anschließend mitgerissen und an anderen Stellen, zumeist dort, wo die Fließgeschwindigkeit nachlässt, wieder abgelagert. An diesen Stellen kann es durch das umgelagerte Material wiederum zu Aufstauungen und weiteren Schäden kommen.

Bei extrem starken Niederschlags- und Flutereignissen, wie z. B. im Ahrtal, sind in der jüngeren Vergangenheit ganze Straßenzüge komplett zerstört worden, so dass sogar die oftmals in 2 m Tiefe oder noch tiefer liegenden Schmutz- und Tageswasserkanalisationen freigelegt oder gänzlich weggespült worden sind. Schäden durch mitgerissene Materialien entstehen aber nicht nur im urbanen Bereich, es können zum Beispiel auf Feldern/Äckern große Mengen an Boden abgeschwemmt werden. Diese füllen zuerst die Seiten- und Wegegräben auf, so dass dort das Wasser nicht mehr abfließen kann. Die Folge hiervon ist dann wiederum, dass die benachbarten Wege und Straßen zuerst überflutet werden und sich danach der mitgeschwemmte Ackerboden ablagert. Oftmals sind solche Hindernisse anschließend nur mittels schwerer Gerätschaften wieder zu entfernen. Häufig werden durch solche Ereignisse dann ganze Ortschaften von der Außenwelt abgeschnitten und sind für den Rettungsdienst nur noch erschwert oder überhaupt nicht mehr zu erreichen.

Auch bei weniger starken Ereignissen, bei denen die Schmutz- und Tageswasserkanalisation die anfallenden Wassermassen nicht mehr aufnehmen kann, entstehen zusätzliche Gefahren. Die Kanalschachtabdeckungen werden durch den Wasserdruck angehoben und verdrückt. Danach besteht eine erhebliche Gefahr, wenn Fußgänger/Fußgängerinnen oder Fahrzeuge über die geöffneten Schächte laufen bzw. fahren. Fußgänger/Fußgängerinnen können hierbei in die Schächte stürzen und Fahrzeuge sich die Achsen abreißen oder anderweitige schwere Fahrzeugschäden erleiden. Oftmals kann man diese Gefahr nicht erkennen, da die Straßen mit schmutzig braunen Waser überflutet sind. Auch wenn das Wasser abgelaufen ist, kann man z. B. in der Dunkelheit diese Gefahr oftmals nicht rechtzeitig erkennen. Zumal es auch vorkommen kann, dass die gesamte Straßenbeleuchtung ausgefallen ist.

Bild 17 und 18: *Fahrbahnschaden nach einer Unterspülung bei einem Hochwasserereignis (links). Das in einer Betonbettung verlegte Pflaster wurde durch das Hochwasser regelrecht abgefräst (rechts).*

Bild 19 und 20: *Selbst Asphaltoberflächen werden durch das abfließende Wasser vom Untergrund abgelöst (links). Weitere Gehwegschäden durch den starken Abfluss von Oberflächenwasser nach einem Starkregenereignis (rechts).*

Bild 21 und 22: *Ein totaler Verlust der Infrastruktur kann die Folge von Hochwässern sein (links). Rechts: Dort wo die Big Bags liegen verlief zuvor ein Gehweg entlang des Bachlaufes.*

Bild 23: *Hier wurde die gesamte Infrastruktur einschließlich der Tageswasserkanalisation zerstört.*

Für die Einsatzkräfte bedeuten der Ausfall oder die massive Beeinträchtigung der Infrastruktur zumeist weitere Folgeeinsätze. Nicht zu vernachlässigen in der Gesamtbetrachtung sind auch die anschließenden Aufräumarbeiten, nach der eigentlichen Gefahrenabwehr. Da die kommunalen Strukturen und Möglichkeiten nach solchen Ereignissen an ihre Grenzen stoßen, werden auch hierbei die Einsatzkräfte unterstützend tätig werden müssen. Bei den Aufräumarbeiten empfiehlt es sich zudem, Vertreter/Vertreterinnen des jeweils zuständigen Veterinäramtes mit in den Krisenstab zu berufen, da häufig tote Tiere aufgefunden werden, deren Kadaver fachgerecht entsorgt werden müssen.

Ein besonderes Augenmerk ist auch auf eventuell beschädigte Versorgungsleitungen zu legen. Bei festgestellten Schäden muss unverzüglich der zuständige Versorgungsträger informiert werden. Eine große Gefahr geht hierbei von freigelegten Starkstromkabeln, Stromverteilerkästen, Anlagen der Straßenbeleuchtung und Erdgasversorgungsleitungen aus. Es sind hier die allgemeinen Vorschriften bei Einsätzen in und an elektrischen Anlagen zwingend zu beachten. Insbesondere sind die entsprechenden Sicherheitsabstände einzuhalten (vgl. Knorr 2018).

Anhand der in diesem Kapitel aufgeführten Gefahren wird deutlich, dass den jeweiligen Führungskräften im Hochwassereinsatz eine maßgebliche Rolle im Hinblick auf die Fürsorgepflicht und auf die Einhaltung der Sicherheitsvorschriften zukommt. Bevor Einsatzkräfte sich in überflutete Bereiche begeben, müssen immer die Gefahren der Einsatzstelle besonders betrachtet und beurteilt werden. Im Hochwassereinsatz kann bereits ein zu leichtsinniges Vorgehen in unter Erdgleiche liegende Räume zu einer erheblichen Gefahr für die Einsatzkräfte werden. Es bedarf hier z. B. nur den Bruch einer Fensterscheibe oder Tür und solche Räume füllen sich schlagartig mit Wasser!

Im Rahmen der Aufräumarbeiten empfiehlt es sich, ggf. auf die Baufachberater/Bauchfachberaterinnen des Technischen Hilfswerkes und/oder auf die Fachleute aus den Bauverwaltungen, Wasserbehörden und Baufirmen zurückzugreifen, die die Einsatzkräfte bei der Beurteilung von Schäden an der Infrastruktur wie z. B. Brückenbauwerke, Gebäude, Straßen und Kanalisationsanlagen beraten können. In Bergbauregionen wären hierzu ggf. auch die Bergbehörden mit einzubeziehen.

Leider ist so gut wie nach jedem Hochwasserereignis festzustellen, dass sich anfänglich alle beteiligten Stellen redlich um die Verbesserung des Schutzes der Bevölkerung vor Hochwasser bemühen, diese Anstrengungen aber recht schnell wieder in der Versenkung verschwinden, je länger ein solches Ereignis her ist. Auch innerhalb der zuvor betroffenen Bevölkerung nimmt trotz aller Versprechen und Bemühungen der beteiligten Stellen das Risikobewusstsein nach Beendigung der

Aufräumarbeiten schnell wieder ab (vgl. Goderbauer-Marchner/Sontheimer et al. 2015: S. 46).

Bild 24 und 25:   *Großflächige Zerstörungen der Infrastruktur nach dem Hochwasser im Ahrtal (links), grundhafte Zerstörung sämtlicher Versorgungsleitungen nach dem Hochwasser im Ahrtal (rechts) (Bilder: Martin Butzlaff Feuerwehr Harlingerode).*

Bild 26 und 27:   *Abflusshindernisse bestehend aus Fahrzeugtrümmern und Schwemmholz (links), massive Gebäudeschäden durch verschmutztes Hochwasser (rechts) (Bilder: Martin Butzlaff Feuerwehr Harlingerode).*

5 Einsatzvorbereitung und taktische Einsatzplanung

Die im nachfolgenden Kapitel beschriebenen Möglichkeiten einer Einsatzplanung für größere Schadenfälle sind nur als Beispiele zu verstehen. Jede Feuerwehr/jede Gefahrenabwehrbehörde sollte ihre eigenen Möglichkeiten und Ressourcen prüfen und festlegen, wie man in einem Großschadenfall agieren kann. Die meisten Maßnahmen sollten allerdings konform mit der Dienstvorschrift 100 einhergehen, damit ein gewisser Standard je Führungsstufe eingehalten werden kann.

Bei der Bewältigung von Großschadenlagen ist es unabdingbar, dass stabsmäßig geführt wird. Sollte der Katastrophenfall innerhalb eines Landkreises ausgerufen werden, so steht dem zuständigen Hauptverwaltungsbeamten neben seinem Katastrophenschutzstab (Stab HVB) auch in der Regel eine Technische Einsatzleitung zur Verfügung, welche zumeist durch die kommunalen Feuerwehren und/oder durch Hilfsorganisationen oder dem Technischen Hilfswerk gestellt wird. Dem Führungsgrundsatz folgend, »nicht mehr wie fünf Abschnitte bilden«, kann es durchaus notwendig sein, mehrere Technische Einsatzleitungen zu bilden, oder mit Unterabschnittsleitungen zu arbeiten. Bei großen Feuerwehren finden sich auch komplex ausgestattete Lage- und Führungszentren, auf deren Ausstattung hier nicht näher eingegangen werden soll.

5.1 Technische Einsatzleitungen

Den in einem Landkreis angehörenden Feuerwehren steht in der Regel mindestens eine Technische Einsatzleitung (TEL) im Großschadenfall oder im Katastrophenfall zur Verfügung. Es empfiehlt sich, dass die Technischen Einsatzleitungen auf der Ebene eines Landkreises auf hierfür geeignete Räumlichkeiten zurückgreifen können, so dass eine stabsmäßige Führung einschließlich ggf. notwendiger Fachberater/Fachberaterinnen möglich ist. Ein besonderes Augenmerk ist hierbei auf die zur Verfügung stehenden technischen Infrastrukturen zu legen.

Eine Technische Einsatzleitung sollte aus mindestens den nachstehend aufgeführten personellen Komponenten bestehen:

- einem Leiter/einer Leiterin der TEL,
- den Leitern/Leiterinnen der Sachgebiete S 1 bis S 6 sowie deren Führungshilfspersonal und Führungsassistenten/Führungsassistentinnen,

- im Bedarfsfall aus den Vertretern/Vertreterinnen anderer Hilfsorganisationen, Fachbehörden, Einrichtungen und Unternehmen (extern).

Die Mitglieder der TEL sollten über Funkmeldeempfänger oder ggf. telefonisch alarmierbar sein.

Nach erfolgter Alarmierung können sich z. B. die Mitglieder innerhalb der einzelnen Sachgebiete telefonisch über die Einsatzteilnahme abstimmen. Hierbei sollte auch sogleich die Ablösemöglichkeit innerhalb des jeweiligen Sachgebietes vorab geklärt werden (ggf. Verhinderung durch Arbeit, Krankheit, Urlaub usw.). Sollte eine telefonische Abstimmung nicht möglich sein, so fahren alle Mitglieder der einzelnen Sachgebiete den zuvor mitgeteilten Einsatzort der TEL an. Der Einsatz kann dann vor Ort abgestimmt und die für eine eventuelle Ablösung vorgesehenen Mitglieder wieder aus dem Einsatz entlassen werden.

5.2 Örtliche Einsatzleitungen in den kreisangehörigen Feuerwehren

Nach der Hochwasserkatastrophe im Harz 2017 hat sich zum Beispiel gezeigt, dass es äußerst hilfreich für eine Technische Einsatzleitung sein kann, vor Ort noch einmal ähnlich geartete Führungsstrukturen zur Verfügung zu haben, welche als Unterabschnittsleitungen für eine TEL arbeiten (vgl. hierzu Fricke, U. 2020: S. 902). Die Einrichtung einer leistungsfähigen örtlichen Einsatzleitung ist allerdings mit zum Teil hohen Investitionskosten verbunden und Bedarf zumeist einer längerfristigen Planungsphase. Je nach Finanzstärke der kommunalen Gebietskörperschaft fallen dann die Ausstattungen solcher örtlichen Einsatzleitungen recht unterschiedlich aus. Oberstes Gebot sollte aber immer sein, dass jederzeit eine umfassende Lageübersicht möglich ist. Auch die örtlichen Einsatzleitungen sind gehalten, sich eng an die stabsmäßigen Führungsstrukturen zu orientieren. Dementsprechend müssen auch geeignete Räumlichkeiten mit moderner Kommunikationstechnik zur Verfügung stehen. Neben einer leistungsfähigen Funkzentrale mit mehreren Arbeitsplätzen wird auch ein ausreichend bemessener Raum für den eigentlichen Stab (Stabsraum) benötigt. Im Stabsraum sollte die Möglichkeit bestehen, Lageübersichten visuell darzustellen. Neben den bekannten Medientechniken sollte aber parallel immer eine Rückfallebene bestehen, so dass im Bedarfsfall z. B. auf den bewährten Vierfarbvordruck zurückgegriffen werden kann. Hinzu kommen noch weitere Arbeitsplätze möglichst in benachbarten Büros zum Tragen.

Sollten es die finanziellen Möglichkeiten zulassen, so ist es empfehlenswert, das die Arbeitstische in der Funkzentrale möglichst in der Höhe elektrisch verstellbar sind, so dass die Mitarbeiter/Mitarbeiterinnen ihre Arbeit im Stehen oder im Sitzen verrichten können. Als Führungssoftware ist mindestens eine kreisweit einheitliche Lösung anzustreben. Eine problemlose und sichere Datenübertragung zwischen den einzelnen Führungskomponenten ist dabei unabdingbar. Aufgrund der hohen Auslastung der verschiedenen Hersteller von Feuerwehreinsatzgeräten und Fahrzeugen muss bei der Einsatzplanung insbesondere im Hinblick auf die Beschaffung von weiteren Einsatzmitteln eine deutliche zeitliche Verzögerung mit eingeplant werden.

Es ist den in der jeweiligen Führungsorganisation verantwortlichen Einsatzkräften anzuraten, sich bereits im Vorfeld über die Regelungen bei der Anforderung von überörtlichen Hilfskräften gut zu informieren und die einzuhaltenden Meldewege zu verinnerlichen. Je nach länderspezifischer Maßgabe kann es hierbei zu unterschiedlichen »Dienstwegen« kommen. Damit im Bedarfsfall nicht durch verwaltungsmäßige Klärungsvorgänge zu viel Zeit verloren geht, ist eine gute Vorbereitung hierbei ausdrücklich zu empfehlen. Eventuell notwendige Kostenübernahmeerklärungen sollten im Vorfeld gut vorbereitet und mit der jeweils zuständigen kommunalen Verwaltungsebene abgestimmt sein.

Der Technischen- und auch der örtlichen Einsatzleitung sollten aktuelle Listen von im Zuständigkeitsbereich vorhandenen Sondergeräten immer zur Verfügung stehen, so dass im Bedarfsfall schnell auf die vorhandenen Ressourcen zurückgegriffen werden kann. Im Folgenden werden hier mehrere Möglichkeiten von Abfragen, die in der Regel im eigenen Zuständigkeitsbereich erfolgen, aufgelistet. Man kann sich hierzu einfacher Tabellen bedienen, die ohne besonderen Aufwand als Vorlagen z. B. von der zuständigen Katastrophenschutzbehörde angefertigt und an die jeweiligen Einsatzorganisationen ausgegeben werden. Wichtig ist hierbei aber, dass diese Listen/Datenbanken etc. in regelmäßigen Abständen, z. B. jährlich, aktualisiert werden. Die nachstehenden Tabellen wurden von der Katastrophenschutzbehörde des Landkreises Goslar (Niedersachsen) entwickelt und an die kreisangehörigen Ordnungsämter, Feuerwehren und Hilfsorganisationen mit der Bitte um die entsprechenden Angaben versendet. Diese Maßnahme diente dem Zweck der kreisweiten Einsatzvorbereitung auf entsprechende Hochwassermaßnahmen (vgl. hierzu: Waldorf 2021: S. 1ff). Sollten die technischen Möglichkeiten gegeben sein, so empfiehlt es sich, dass diese Daten regelmäßig in den entsprechenden Einsatzleitprogrammen eingepflegt und im Einsatzfall auch abrufbar sind.

Tabelle 1: *Ressourcenabfrage Einsatzkräfte*

Einsatzkräfte (ohne Feuerwehr und THW)	
Hier tragen Sie bitte die in Ihrer Kommune zur Verfügung stehenden Einsatzkräfte im Bereich des abwehrenden Hochwasserschutzes ein, welche neben Feuerwehr als Einheit der Kommune und THW als Einheit des Bundes im Normallfall zur Verfügung stehen. Dies trifft insbesondere auf Kräfte des Bauhofes, der Stadtwerke (soweit im Zuständigkeitsbereich der Stadt) zu. Hier sollen Kräfte benannt werden, welche durch besondere Fähigkeiten (bedienen von Großgerät wie Radladern und Lkw) oder Expertise (Fachkenntnisse im Baubereich) im Rahmen des abwehrenden Hochwasserschutzes unterstützen können.	
Zeile A	Tragen Sie bitte eine laufende Nummerierung nach dem Muster »Gemeindekennziffer-Nummer« (Funkrufkennung Feuerwehr) ein; z. B. Musterstadt A 16-001, Musterstadt B 11-001
Zeile B	Tragen Sie bitte ein, welche **Einsatzkräfte mit besonderen Fähigkeiten** vorhanden sind.
Zeile C	Hier geben Sie bitte die zur Verfügung stehende **Anzahl** dieser Einsatzkräfte an.
Zeile D	Bitte geben Sie hier die **vorgesetzte Stelle** der Einsatzkräfte an, bei der die Anforderung dieser Kräfte erfolgen kann.
Zeile E	**Erreichbarkeit:** An dieser Stelle soll die Person bezeichnet werden, die bei der vorgesetzten Stelle für die Anforderung zuständig ist.
Zeile F	**Telefonnummer** zu Zeile E
Zeile G	**E-Mail-Adresse** zu Zeile E
Zeile H	Tel. **Erreichbarkeit außerhalb der Dienstzeiten** zu Zeile E
Zeile I – M	**Anschrift** zu Zeile E

Tabelle 2:   *Ressourcenabfrage Sandsackfüllmaschinen*

Sandsackfüllmaschinen	
Hier tragen Sie bitte alle in Ihrem Gebiet verfügbaren kommunalen Sandsackfüllmaschinen und deren Kapazität ein. Daneben ist auch von Bedeutung, wie viel Personal und welches Spezialgerät für den Betrieb benötigt wird.	
Zeile A	Tragen Sie bitte eine laufende Nummerierung nach dem Muster »Gemeindekennziffer-Nummer« (Funkrufkennung Feuerwehr) ein; z. B. Musterstadt A 16-001, Musterstadt B 11-001
Zeile B	Tragen Sie bitte hier eine **Typbezeichnung/Herstellerbezeichnung** für die Maschine ein, sodass ggf. weitere Informationen über das Gerät eingeholt werden können.
Zeile C	**Beschreiben** Sie hier bitte kurz die Art und Funktionsweise der Maschine um eine Einschätzung des Anfordernden für die Aufstellfläche und den Betrieb zu erleichtern.
Zeile D	Hier geben Sie bitte die Bezeichnung für den Standort der Geräte an, d. h. Ortsfeuerwehr XY, Bauhof-Lager etc.
Zeile E-I	**Anschrift** zu Zeile D
Zeile J	Geben Sie hier bitte an, wie viele **Säcke pro Stunde** realistisch im Durchschnitt befüllt werden können.
Zeile K	Hier führen Sie bitte auf, wie viel **Bedienpersonal** für den Betrieb benötigt wird. Dies dient insbesondere zur weiteren Einsatzplanung und Ablösung bei längeren Einsätzen.
Zeile L	Bitte geben Sie hier an, über welche **Ausbildung des Bedienpersonal** verfügen muss. Dies dient ebenfalls insbesondere zur Planung der Ablösung.
Zeile M-O	Geben Sie bitte an, ob zum Betrieb weiteres **Großgerät erforderlich** ist.
Zeile M	Ist ggf. zum Befüllen der Maschine ein **Radlader** erforderlich?
Zeile N	Ist ggf. ein **Muldenkipper** zum Transport von Sand erforderlich?
Zeile O	Ist ggf. **besonderes Gerät zum Transport** der Sandsackfüllmaschine erforderlich; z. B. Wechsellader für Abrollbehälter oder Logistik-Lkw?

Tabelle 3:   *Ressourcenabfrage Sandsackreserven*

Sandsackreserven	
Hier tragen Sie bitte die in Ihrem Gebiet verfügbaren kommunalen Sandsackreserven ein.	
Zeile A	Tragen Sie bitte eine laufende Nummerierung nach dem Muster »Gemeindekennziffer-Nummer« (Funkrufkennung Feuerwehr) ein; z. B. Musterstadt A 16-001, Musterstadt B 11-001
Zeile B	Bitte geben Sie hier den **Standort der Reserven** an, z. B. Feuerwehrhaus XY.
Zeile C-G	**Anschrift** zu B
Zeile H	**Anzahl** der eingelagerten Säcke
Zeile I	Bitte geben Sie an, ob die Säcke bereits **befüllt oder nicht befüllt** sind. Befinden sich sowohl befüllte als auch ungefüllte Säcke an einem Standort, nutzen Sie bitte jeweils eine Zeile (siehe Muster).
Zeile J	Bitte geben Sie hier an, wie die Säcke **verlastet** sind (z. B. Rollcontainer, Gitter-Boxen, Euro-Paletten, etc.) um eine bessere Transportplanung zu ermöglichen.

Tabelle 4: *Ressourcenabfrage mobile Hochwassersperren*

Mobile Hochwassersperren
Hier tragen Sie bitte die in Ihrem Gebiet verfügbaren kommunalen mobilen Hochwassersperren ein.
Zeile A — Tragen Sie bitte eine laufende Nummerierung nach dem Muster »Gemeindekennziffer-Nummer« (Funkrufkennung Feuerwehr) ein; z. B. Musterstadt A 16-001, Musterstadt B 11-001
Zeile B — Tragen Sie bitte hier eine **Typbezeichnung/Herstellerbezeichnung** für die mobilen Hochwassersperren ein, sodass ggf. weitere Informationen über das Gerät eingeholt werden können.
Zeile C — Bitte geben Sie hier den **Standort** der Sperren an, z. B. Feuerwehrhaus XY.
Zeile D-H — **Anschrift** zu C
Zeile I — Bitte geben Sie hier an, wie viele Sperren dieses Typs am Standort vorhanden sind.
Zeile J-L — Bitte geben Sie hier die **Abmessungen** der aufgebauten Sperren je Sperre an.
Zeile M — Geben Sie hier an, ob sich die verschiedenen **Sperren** gleichen Typs **verbinden** lassen; d. h. zu einem längeren Damm.
Zeile N — Soweit entsprechend vorgeplant, geben Sie hier bitte an, an welchen **Ort** diese Sperren zum **Einsatz** kommen sollen (Ort aus Tabellenblatt »Einsatzschwerpunkte«). Dies soll dazu dienen, bei einer entsprechenden Flächenlage abzuschätzen, ob die Sperren an diesem Ort benötigt werden, oder an anderer Stelle eingesetzt werden könnten.

Tabelle 5:   *Ressourcenabfrage Räum- und Transporttechnik*

Räum- und Transportechnik	
Hier tragen Sie bitte die in Ihrem Gebiet verfügbare kommunale Räum- und Transporttechnik ein, die bei Hochwasserlagen zum Einsatz kommen könnte.	
Zeile A	Tragen Sie bitte eine laufende Nummerierung nach dem Muster »Gemeindekennziffer-Nummer« (Funkrufkennung Feuerwehr) ein; z.B. Musterstadt A 16-001, Musterstadt B 11-001
Zeile B	Geben Sie hier bitte an, um was für eine Art von **Gerät (Bezeichnung)** es sich handelt, z.B. Radlader, Muldenkipper, Teleskoplader, etc.
Zeile C	Bitte geben Sie hier den **Standort** der Sperren an, z.B. Feuerwehrhaus XY.
Zeile D-H	**Anschrift** zu C
Zeile I	Geben Sie hier bitte an, welche **Kapazität** transportiert werden kann z.B. wie viele Personen Rettungsboote transportieren können oder wie viel Zuladung ein Lkw hat.
Zeile J	Bitte gegeben Sie hier an, ob das Fahrzeug über eine besondere **Wattiefe** (mögliche Tiefe des zu durchfahrenden Wassers) verfügt.

Tabelle 6:   *Abfrage Einsatzschwerpunkte*

Einsatzschwerpunkte	
Hier geben Sie bitte (erwartete) Einsatzschwerpunkt im Rahmen eines Hochwasser- oder Starkregenereignisses an. Dies dient zum einen der frühzeitigen Planung von Maßnahmen, aber auch zur Vorplanung der sicheren Anfahrt von überörtlichen Einsatzkräften.	
Zeile A	Tragen Sie bitte eine laufende Nummerierung nach dem Muster »Gemeindekennziffer-Nummer« (Funkrufkennung Feuerwehr) ein; z.B. Musterstadt A 16-001, Musterstadt B 11-001
Zeile B	Bitte tragen Sie hier die allgemein übliche **Bezeichnung** des Einsatzschwerpunktes ein.
Zeile C	Bitte geben Sie hier die **Lage** des Einsatzschwerpunktes in Bezug auf besondere Örtlichkeiten, Straßenbezeichnungen, Merkmale in der Landschaft, etc. an.
Zeile D	Geben Sie hier bitte zur genaueren Identifizierung von Einsatzschwerpunkten (insb. wenn keine Anschrift vorhanden ist) die **UTM-Koordinate** an.
Zeile E-I	**Anschrift** zu Zeile B-D, soweit vorhanden.
Zeile J	Beschreiben Sie hier, was für ein **Ereignis** zu erwarten ist, um ggf. Vorplanungen darauf abstimmen bzw. Folgen abschätzen zu können.
Zeile K	Bitte geben Sie hier an, ob ggf. ein besonderer **baulicher Hochwasserschutz** vorhanden ist.
Zeile L	Bitte geben Sie hier an, welche **Maßnahmen** (ggf. ergänzend zum baulichem Hochwasserschutz) **im Einsatzfall** getroffen werden sollen; dies dient insbesondere zur Planung weiterer Unterstützung.

Tabelle 7:   *Ressourcenabfrage sichere Notunterkünfte und Bereitstellungsräume*

Sichere Notunterkünfte und Bereitstellungräume	
Hier geben Sie bitte Gebäude und Flächen an, welche im Fall eines Hochwasser- oder Starkregenereignisses als sichere Notunterkünfte oder Bereitstellungsräume für Betroffene bzw. Einsatzkräfte in Frage kommen. Dies dient insbesondere der Planung von ggf. notwendigen Evakuierungen der Bevölkerung in sichere Bereiche bzw. der sicheren Zuführung überörtlicher Kräfte.	
Zeile A	Tragen Sie bitte eine laufende Nummerierung nach dem Muster »Gemeindekennziffer-Nummer« (Funkrufkennung Feuerwehr) ein; z.B. Musterstadt A 16-001, Musterstadt B 11-001
Zeile B	Bitte tragen Sie hier die allgemein übliche **Bezeichnung** der Notunterkunft bzw. des Bereitstellungsraumes ein.
Zeile C-G	**Anschrift** zu B
Zeile H	Bitte geben Sie hier an, wie viele **Personen** in der Notunterkunft **voraussichtlich untergebracht** werden können.
Zeile I	Bitte geben Sie an, wie viele **Stellflächen** für Großfahrzeuge (insb. Gerätewagen der Feuerwehr) am Standort zur Verfügung stehen. Geben Sie hierzu an, wie viele 18t-Lkw unter Beachtung geeigneter Zu- und Abfahrten ungefähr auf der Fläche Platz finden.
Zeile J	Geben Sie hier bitte an, ob die Liegenschaft über eine **eigene Notstromversorgung** (Netzersatzanlage, Blockheizkraftwerk etc.) verfügt.
Zeile K	Geben Sie hier bitte an, ob die Möglichkeit besteht, das Gebäude mit einer **externen Netzersatzanlage** (Einspeisemöglichkeit mobiler Stromerzeuger) mit Notstrom zu versorgen.
Zeile L	Bitte geben Sie an, ob in der Liegenschaft **Möglichkeiten zur Zubereitung von Speisen** bestehen (eigene Küche/Kochgelegenheit etc.).

5.3   Bereitstellungsräume

Wird eine Gebietskörperschaft durch ein Hochwasser, ein Starkregenereignis oder sogar durch eine Sturzflut großflächig in Mitleidenschaft gezogen, so werden in aller Regel die ortsansässigen kommunalen Gefahrenabwehrbehörden zusammen mit ihren Feuerwehren und weiteren Hilfsorganisationen schnell an ihre Leistungsfähigkeit geraten. Im Besonderen, wenn die Einsätze aufgrund ihrer Vielzahl und ihrer Charakteristik nicht in kurzer Zeit abzuarbeiten sind, wird man Hilfe aus den Nachbargemeinden benötigen. Wenn die Nachbargemeinden ebenfalls von Unwetterereignissen betroffen sind, wird es zunehmend schwieriger in adäquaten Hilfsfristen der betroffenen Bevölkerung zu helfen und die Einsatzstellen fachgerecht abzuarbeiten. Spätestens zu diesem Zeitpunkt sind die betroffenen Gemeinden darauf angewiesen im Rahmen der Solidargemeinschaft weitere Hilfskräfte anzufordern. Je nach länderspezifischer Gesetzgebung sind hierbei unterschiedliche Verfahren und Dienstwege zu beachten.

Wird den Hilfe anfordernden Gemeinden danach ein bestimmtes Hilfskontingent wie z. B. eine Landeseinheit oder Kreisfeuerwehrbereitschaften (z. B. Modell Niedersachsen) zugewiesen, so bedeutet dies für den anfordernden Einsatzstab, dass den anrückenden Kräften auch geeignete Bereitstellungsräume zugewiesen werden. Da es für die Herstellung eines Bereitstellungsraumes bestimmte einsatztaktische, fachliche und vor allem logistische Vorgaben zu berücksichtigen gilt, ist dies in der Regel eine Herkulesaufgabe für das Sachgebiet 4 in einem Einsatzstab. Letztendlich empfiehlt es sich, für die Einrichtung und den laufenden Betrieb eines Bereitstellungsraumes eine eigene Technische Einsatzleitung zu etablieren. Auf Bundesebene wurde hierzu bereits 2008 an das Technische Hilfswerk die Aufgabe übertragen, ein Konzept, einschließlich der Ausbildung für ein System »Bereitstellungsraum 500« (abgekürzt BR 500), zu erarbeiten. Die Zielvorgabe hierzu war, dass die Einrichtung und der Betrieb eines Bereitstellungsraumes für 500 und mehr Einsatzkräfte zukünftig eine Kernkompetenz des Technischen Hilfswerkes wird.

Die großen Einsätze aus der Vergangenheit insbesondere an der Oder und der Elbe dienten hierbei als Erfahrungsschätze. Ein Bereitstellungsplatz stellt einen Ort dar, an denen Einsatzkräfte zusammen mit ihren entsprechenden Einsatzmitteln für verschiedene Einsatzszenarien vorgehalten werden. Die Bereitstellungsräume sind nach Möglichkeit so auszuwählen, dass sie eine gute Infrastruktur besitzen, dass bedeutet, dass man die Plätze mit Großfahrzeugen, insbesondere z. B. mit Gliederzügen und großen Baumaschinen anfahren kann. Ein Bereitstellungsraum sollte zwar in einer angemessenen räumlichen Nähe zum Einsatzort ausgewählt werden, nicht jedoch z. B. im Gefahrenbereich selbst verortet sein. Ein Bereitstellungsraum muss mindestens einen fachlich geeigneten Meldekopf besitzen und nach Möglichkeit, wie bereits erwähnt, durch eine Technische Einsatzleitung geführt werden. Die anrückenden Einheitskontingente werden durch den Meldekopf registriert und erhalten im Bereitstellungsraum einen Wartebereich zugewiesen.

Wird ein Bereitstellungsraum vom Typ BR 500 benötigt, so erfordert dessen Einrichtung eine Vielzahl von Infrastruktur- und Logistikmaßnahmen. Für die Hilfskontingente müssen in der Regel Schlaf- und Ruheräume geschaffen und eingerichtet werden. Stehen hierfür keine festen Gebäude zur Verfügung, so werden viele Zelte benötigt. Sollte sich das Schadenereignis nicht gerade in den warmen Jahreszeiten ereignet haben, so müssen diese Zelte auch entsprechend beheizt werden. Für den Betrieb eines Bereitstellungsraumes vom Typ BR 500 wird in der Regel eine Stromanschlussleistung von 3 x 175 kVA benötigt. Die Energieversorgung muss hierfür entweder über ein leistungsfähiges Stromnetz des zuständigen Energieversorgers oder aber über Strom-Netzersatzanlagen bereitgestellt werden. Der Platzbedarf für einen solchen Bereitstellungsraum liegt bei ca. 60.000 m² Fläche,

Bild 28: *Bereitstellungsraum des THWs auf dem Nürburgring (Bild: THW Mediathek/Kai Uwe Wärner)*

welche auch für schwere Fahrzeuge befahrbar sein muss. Je nach taktischer Vorgabe sind darüber hinaus weitere technische Anforderungen an einen Bereitstellungsraum zu stellen.

Mit an erster Stelle gehört die Aufgabe der Einsatzkräfteverpflegung. Diese sollte nach Möglichkeit immer im Bereitstellungsraum erfolgen, da man hier die besten Möglichkeiten hat, die Einsatzkräfte fachlich richtig und unter Einhaltung bestimmter Hygienevorgaben zu versorgen. Hierzu gehört auch die entsprechende Entsorgung, wie z. B. die Beseitigung des anfallenden Mülls. Ebenfalls sind im Bereitstellungsraum ausreichend Toilettenanlagen und Wasch- und Duschmöglichkeiten zu schaffen. Deren regelmäßige Reinigung muss ebenfalls in einem Bereitstellungsraum entsprechend organisiert werden. Des Weiteren sollte es Möglichkeiten geben, die Einsatzfahrzeuge mit Kraftstoff zu betanken sowie defekte Einsatzmittel durch fachkundiges Personal zu warten und zu reparieren. Für die erschöpften Einsatzkräfte sind zudem adäquate Rückzugsräume zu schaffen, damit die Motivation nicht beeinträchtigt wird. Anhand dieser wenigen Aufzählungen zu den geforderten Aufgaben eines Bereitstellungsplatzes ist erkennbar, dass man hierfür eine sehr gute Vorplanung, viel Erfahrung und fachlich geeignete Kräfte benötigt (vgl. hierzu: THW Bereitstellungsraum 500: Ausstattung).

Problematisch ist aber immer wieder, trotz aller guten Einsatzvorplanungen, die jeweilige Anfangsphase eines Großschadenereignisses. Hier steht und fällt der Einsatz mit dem Improvisationsgeschick der jeweils am Einsatz beteiligten Kräfte. Damit man schnell und ohne große Vorplanung erste angeforderte Einsatzkontingente in Marsch setzen kann, hat zum Beispiel der Landkreis Goslar für 120 Einsatzkräfte einen Pool von persönlicher Übernachtungsausrüstung so eingelagert, dass diese Materialien mit wenigen Handgriffen auf einem Gerätewagen Logistik zu verlasten sind. Jeder Einsatzkraft steht somit ad hoc ein Feldbett, eine Isoliermatte, einen Schlafsack der für niedrigere Temperaturen geeignet ist, ein Hygienepack (Zahnpflege, Duschgel etc.) usw. in einer Rucksacktragetasche zur Verfügung.

Bild 29: *Übernachtungsset Modell Landkreis Goslar*

Praxistipp:

Eine gute Ausstattung und vorausschauende Planung erleichtert den Einsatz bei Großschadenlagen und verbessert den Einsatzerfolg.

6 Führungs- und Kommunikationsstrukturen

Die Führungs- und Kommunikationsstrukturen sind in regelmäßigen Abständen auf ihre Plausibilität und auf ihren aktuellen Stand hin zu überprüfen. Neben den allgemeinen Richtlinien zum Aufbau der jeweiligen Führungsstrukturen anhand der Dienstvorschrift 100 (abgekürzt: DV 100) sollte jeder Landkreis und jede Kommune in ihrem jeweiligen Zuständigkeitsbereich eine entsprechende Führungs- und Kommunikationsstruktur vorhalten und darin ihre entsprechenden Führungskräfte und Mitarbeiter/Mitarbeiterinnen in den Brandschutz- und Katastrophenschutzämtern unterweisen und ausbilden. Grundsätzlich ist hierbei ein besonderes Augenmerk auf die Beibehaltung der Entscheidungsfähigkeit einer jeden Führungsebene zu legen. Bei jeder größeren Flächenlage ist es von entscheidender Bedeutung, dass man frühzeitig eine stabsmäßige Führungsstruktur aufbaut. Eine stabsmäßige Führungsstruktur hat in der Regel den Vorteil, dass alle Sachgebiete ein einheitliches Lagebild erhalten und die jeweiligen Entscheidungsträger/Entscheidungsträgerinnen nicht durch eine Vielzahl von Aufgaben überfordert werden. Gemäß der DV 100 sind die entsprechenden Sachgebiete wie in den nachstehenden Tabellen aufgeführt, zu gliedern und mit den entsprechenden Aufgaben zu betrauen.

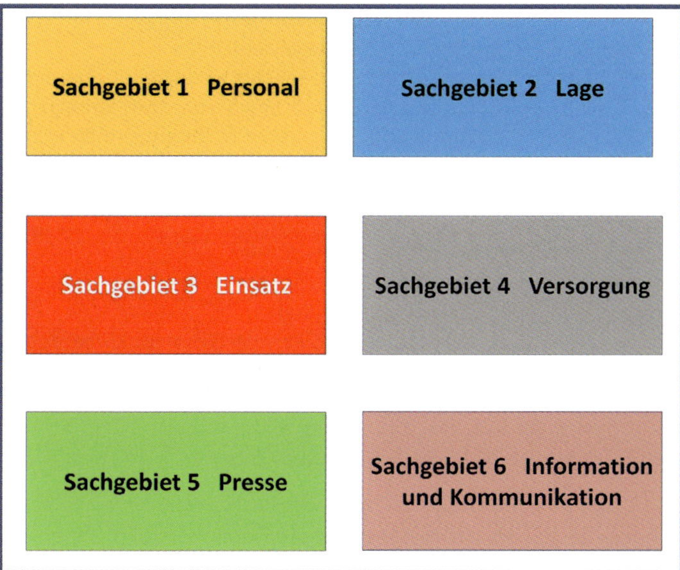

Bild 30: *Die Sachgebiete 1 bis 6 bei einer stabsmäßigen Führungsstruktur*

Tabelle 8: *Übersicht der wesentlichen Aufgaben der Sachgebiete 1 bis 2*

Leiter/Leiterin Stab	Leitet gesamtverantwortlich den Einsatzstab
S 1	▪ Bereitstellen der Einsatzkräfte ▪ Alarmieren von Einsatzkräften ▪ Heranziehen von Hilfskräften ▪ Alarmieren und anfordern von Ämtern und Behörden, Organisationen ▪ Anfordern von fach-, orts- und betriebskundigen Personen ▪ Bereitstellen von Reserven ▪ Einrichten von Lotsenstellen für ortsunkundige Kräfte ▪ Einrichten von Bereitstellungsräumen ▪ Führen von Kräfteübersichten Führen des inneren Stabsdienstes ▪ Festlegen und sicherstellen des Geschäftsablaufs ▪ Einrichten und sichern der Führungsräume ▪ Bereitstellen der Ausstattung

S 2	▪ Lagefeststellung
	▪ Beschaffen von Informationen
	  – Einsetzen von Erkunderinnen oder Erkundern
	  – Anfordern von Lagemeldungen
	▪ Auswerten und bewerten von Informationen Lagedarstellung
	▪ Führen einer Lagekarte
	▪ Führen von Einsatzübersichten
	  – Beschreiben der Gefahrenlage
	  – Darstellen von Anzahl, Art und Umfang der Schäden
	  – Darstellen der Einsatzabschnitte und -Einsatzschwerpunkte
	  – Darstellen der eingesetzten, bereitgestellten und noch erforderlichen Einsatzmittel und -kräfte
	▪ Vorbereiten von Lagebesprechungen und Lagemeldungen/Information
	▪ Melden an vorgesetzte Stellen
	▪ Unterrichten nachgeordneter Stellen
	▪ Unterrichten anderer Stellen
	▪ Unterrichten der Bevölkerung Einsatzdokumentation
	▪ Führen des Einsatztagebuches
	▪ Sammeln, registrieren und sicherstellen aller Informationsträger (Vordrucke, Tonbänder, Datenträger)
	▪ Erstellen des Abschlussberichts

Alle Sachgebiete haben ein festgelegtes Aufgabenportfolio. Ihnen steht als verantwortliche Gesamtführungskraft der Leiter/die Leiterin des Stabes vor.

Tabelle 9: *Übersicht der wesentlichen Aufgaben der Sachgebiete 3 bis 5*

S 3	■ Beurteilen der Lage
	■ Fassen des Entschlusses über die Einsatzdurchführung, zum Beispiel festlegen von Einsatzschwerpunkten, bestimmen erforderlicher Einsatzkräfte, Einsatzmittel und Reserven, festlegen der Befehlsstelle
	■ Bestimmen und einweisen von Führungskräften, zum Beispiel Einsatzabschnittsleiterinnen oder Einsatzabschnittsleiter
	■ Ordnen des Schadengebietes, zum Beispiel
	  – Festlegen der Führungsorganisation
	  – Festlegen der Befehlsstelle
	  – Festlegen von Bereitstellungsräumen
	  – Einrichten von Sammelstellen, zum Beispiel Verletztensammelstelle, Leichensammelstelle
	■ Anordnen von Absperrmaßnahmen
	■ Festlegen und freihalten von An- und Abmarschwegen
	■ Zusammenarbeiten mit anderen Ämtern, Behörden und Organisationen
	■ Durchführen von Lagebesprechungen
	■ Erteilen der Befehle
	■ Beaufsichtigen und kontrollieren der Einsatzdurchführung
	■ Veranlassen von Sofortmaßnahmen für gefährdete Bevölkerung, zum Beispiel Warnung, Unterbringung, Räumung, Versorgung, Transport und Instandsetzung
	■ Mithilfe bei der Sicherung geborgener Sachwerte, beim Ermitteln der Schadenursache und der Täter, bei der Zeugenfeststellung und bei der Beweismittelsicherung

S 4	■ Anfordern weiterer Einsatzmittel ■ Heranziehen von Hilfsmitteln, zum Beispiel Baustoffe, Abstützmaterial, Lastkraftwagen, Tankkraftwagen, Räum- und Hebegeräte ■ Bereitstellen von Verbrauchsgütern und Einsatzmitteln, zum Beispiel Wasserversorgung, Löschmittel, Atemschutzgeräte, Kraftstoffe ■ Bereitstellen und zuführen der Verpflegung ■ Sicherstellen der Materialerhaltung für das Gerät ■ Festlegen der Versorgungsorganisation ■ Bereitstellen von Rettungsmitteln zum Eigenschutz der Einsatzkräfte ■ Bereitstellen von Unterkünften für Einsatzkräfte

Tabelle 9: *Übersicht der wesentlichen Aufgaben der Sachgebiete 3 bis 5 – Fortsetzung*

S 5	- Presse- und Medieninformationen - Sammeln, auswählen und aufbereiten von Informationen aus dem Einsatz - Erfassen, dokumentieren und auswerten der Presse- und Medienlage - Erstellen von Presse- und Medieninformationen Presse- und Medienbetreuung - Informieren, führen und unterbringen der Presse- und Medienvertreterinnen und -vertreter - Vorbereiten und durchführen von Presse- und Medienkonferenzen Presse- und Medienkoordination - Bündeln, abstimmen und steuern der Presse- und Medienarbeit, zum Beispiel mit den Pressesprecherinnen und -sprechern von anderen beteiligten Behörden, betroffener Betriebe und insbesondere der Polizei - Halten des ständigen Kontakts mit Presse und Medien/Presse- und Medieneinbindung in die Schadenbekämpfung - Veranlassen und betreuen von Informationstelefonen - Veranlassen von Warn- und Suchhinweisen für die Bevölkerung

Die Erfahrungen bei diversen Großschadenereignissen, in denen die Einrichtung einer Technischen Einsatzleitung (TEL) notwendig war, haben gezeigt, dass dem Sachgebiet 6 Information und Kommunikation ein ganz besonderer Stellenwert zukommt. Aufgrund der komplexen technischen Ausstattung einer modernen TEL kommt es gerade zum Zeitpunkt der Einrichtung einer TEL zu technischen Komplikationen. Diese entstehen vor allem immer dort, wo es keine dauerhafte Einrichtung für das stabsmäßige Führen gibt. Ein guter und funktionierender Einsatzstab profitiert vor allem von einer guten planerischen Vorbereitung. Hierzu gehören neben der rechtzeitigen Rekrutierung des geeigneten Personals, vor allem dessen Ausbildung und dessen ständige Fortbildung.

Tabelle 10: *Übersicht der wesentlichen Aufgaben der Sachgebietes 6*

S 6	<ul><li>Planen des Informations- und Kommunikationseinsatzes</li><li>Feststellen des Ist-Zustands der Führungsorganisation</li><li>Feststellen des Ist-Zustands der Fernmeldeorganisation</li><li>Absprechen der Führungsorganisation mit S 3</li><li>Aufteilen der zugewiesenen Kanäle</li><li>Anfordern von Sonderkanälen</li><li>Ermitteln des Kräftebedarfs für den Kommunikationsbetrieb</li><li>Ermitteln des Materialbedarfs für den Kommunikationsbetrieb</li><li>Feststellen der Einsatzmöglichkeiten von Funktelefonen</li><li>Ermitteln der Einsatzmöglichkeiten von Kommunikationsverbindungen über Feldkabel und anderer drahtgebundener Netze</li><li>Erarbeiten eines Kommunikationskonzeptes einschließlich Fernmeldeskizze</li><li>Sicherstellen der Kontakte mit den Informations- und Kommunikationsdiensten anderer Behörden, Organisationen und Institutionen</li><li>Durchführen des Informations- und Kommunikationseinsatzes</li><li>Umsetzen der Planung</li><li>Führen der Informations- und Kommunikationseinheiten</li><li>Gewährleisten der Kommunikationssicherheit (Redundanz)</li><li>Übermitteln von Befehlen, Meldungen und Informationen</li><li>Überwachen des Kommunikationsbetriebes</li><li>Dokumentieren des Kommunikationsbetriebes (Nachweisung)</li><li>Ausstattung der Befehlsstellen mit Bürokommunikation</li><li>Einrichten von Meldediensten</li></ul>

Die nachstehenden Abbildungen zeigen schematisch den Aufbau einer geeigneten Führungsstruktur zum Beispiel für einen Landkreis oder eine große kreisfreie Stadt. Wobei man hier unterscheiden muss, ob es sich um ein Großschadenereignis in einer oder mehreren Gebietskörperschaften oder um ein Großschadenereignis verbunden mit der Auslösung des Katastrophenalarms handelt.

Bei den Planungen müssen auch etwaige Vorgaben auf der jeweiligen Landesebene berücksichtigt werden. Die dargestellten Grafiken stellen nur vereinfachte Organisationsstrukturen dar.

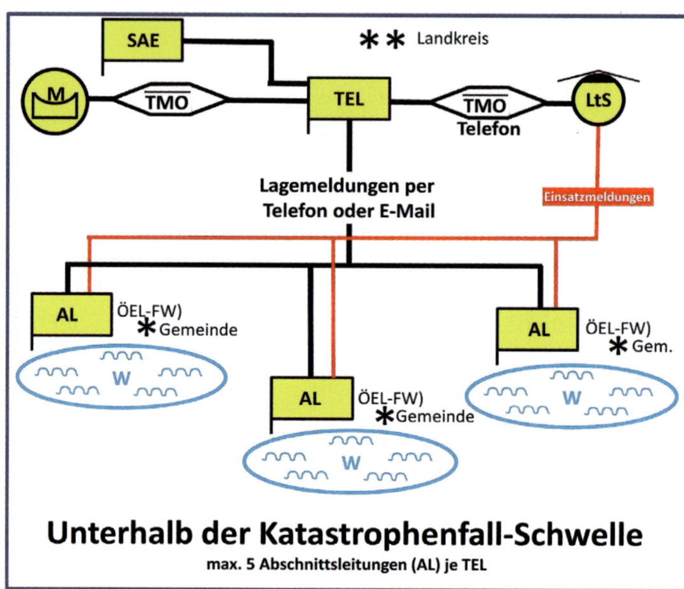

Bild 31: *Einfache Darstellung einer Führungsorganisation auf Landkreisebene beim Großschadenereignis*

Zum Beispiel führt die Technische Einsatzleitung der Feuerwehr den Einsatz nach Maßgabe der ihr obliegenden Aufgaben nach dem jeweiligen Landesbrandschutzgesetz. In Niedersachsen z. B. obliegt die Gefahrenabwehr im Übrigen weiterhin den kreisangehörigen Städten und Gemeinden. Neben den feuerwehrtechnischen Einsatzleitungen in den Städten und Gemeinden können auch Einheiten anderer Behörden und Organisationen mit Sicherheitsaufgaben (BOS) der Technischen Einsatzleitung zugeordnet sein (z. B. Einsatzstab Deutsches Rotes Kreuz, Örtliche Einsatzleitung Rettungsdienst, zugeordnete Einheiten des Technischen Hilfswerkes). Die Feuerwehr- und Rettungsleitstelle erhält lageunabhängig den Regelbetrieb von Feuerwehr und Rettungsdienst aufrecht und alarmiert die Einsatzkräfte zu den einzelnen Einsatzstellen (soweit lagebedingt die reguläre Alarm- und Ausrückeordnung (AAO) nicht greift, erfolgt dies über die zuständige Örtliche Einsatzleitung (ÖEL)). Daneben kann der Stab Außergewöhnliche Ereignisse (SAE) eines Landkreises zur Unterstützung im Hintergrund zum Einsatz kommen. Der »2-5er-Regel« folgend führt die Technische Einsatzleitung mindestens zwei und höchstens fünf Einsatz-

abschnitte; diese führen wiederum mindesten zwei und höchstens fünf Untereinsatzabschnitte auf Gemeindeebene.

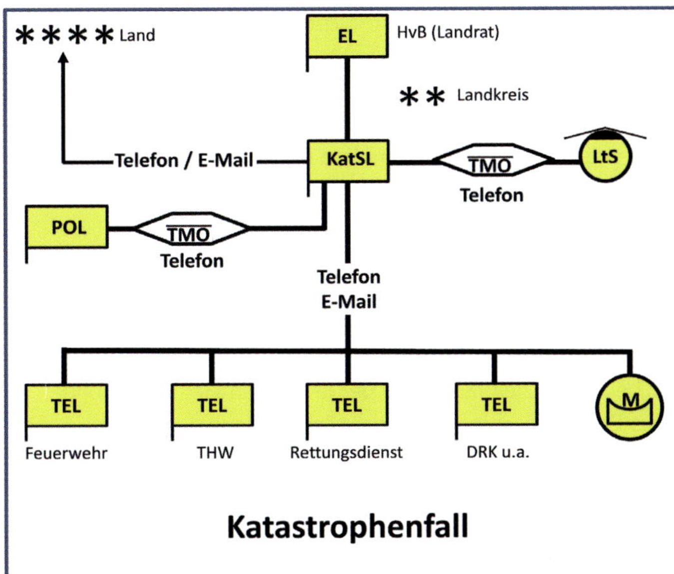

Bild 32: *Einfache Darstellung einer Führungsorganisation auf Landkreisebene beim Katastrophenfall*

Im Katastrophenfall verändert sich die Führungsstruktur. Die Einsatzleitung und somit die Gesamtverantwortung geht auf den Hauptverwaltungsbeamten/Hauptverwaltungsbeamtin (Landrat/Landrätin) des jeweils betroffenen Landkreises über. Diese bestimmen entsprechend der jeweiligen Landesgesetzgebung Einsatzleiter/Einsatzleiterinnen für die jeweiligen Einsatzabschnitte bzw. die technischen Einsatzleitungen. Dies kann durch die Bildung von örtlichen oder sachlichen Einsatzabschnitten erfolgen. Örtliche Einsatzabschnitte werden in der Regel durch Aufteilung des Kreisgebietes in regionale Abschnitte gebildet; die jeweilige Technische Einsatzleitung ist dann für alle Maßnahmen der Katastrophenbekämpfung in diesem Abschnitt zuständig. Hierfür kommen Örtliche Einsatzleitungen z. B. der großen Feuerwehren oder auch Krisenstäbe der Städte und Gemeinden sowie Führungsgruppen von Deutschem Roten Kreuz, Technischen Hilfswerk, Feuerwehr und Landkreis (ÖEL-AE) in Betracht. Alternativ werden Sachliche Einsatzbeschnitte durch die Zusammenfassung bestimmter Aufgaben unter einer Technischen Einsatzleitung gebildet; z. B. Schadenbekämpfung, Betreuung, Logistik etc. Regelhaft führt in diesem Fall die Technische Einsatzleitung der Kreisfeuerwehr den Aufgabenbereich

Brandschutz und technische Hilfeleistung und der Einsatzstab des Deutschen Roten Kreuzes oder einer anderen Hilfsorganisation als Technische Einsatzleitung den Aufgabenbereich Betreuung.

Der Bereitstellungsraum für überörtliche Kräfte des Katastrophenschutzes sollte aufgrund der vorhandenen Fachexpertise i. d. R. durch das Technische Hilfswerk eingerichtet und geführt werden. Die Polizei übernimmt weiterhin ihre Polizeiaufgaben, ggf. unter Hinzuziehung ihrer eigenen Stabsstrukturen (Besondere Aufbauorganisation – BAO). Die Feuerwehr- und Rettungsleitstelle erhält lageunabhängig den Regelbetrieb von Feuerwehr und Rettungsdienst aufrecht und alarmiert die Einsatzkräfte zu den einzelnen Einsatzstellen (soweit lagebedingt die reguläre Alarm- und Ausrückeordnung nicht greift, erfolgt dies über die zuständige ÖEL). Der »2-5er-Regel« folgend führt der StabHVB mindestens zwei und höchsten fünf Einsatzabschnitte mit Technischen Einsatzleitungen. Die Technischen Einsatzleitungen wiederum führen mit mindesten zwei und höchstens fünf Untereinsatzabschnitte bzw. Örtlichen Einsatzleitungen auf der jeweiligen Gemeindeebene.

Oberstes Ziel sollte immer eine klare und einfach aufgebaute Führungsstruktur sein. Durchgriffe von einer höheren Führungsebene durch Überspringen der nachgeordneten Führungsebene sollten unbedingt vermieden werden, da es hierdurch unweigerlich zu Informationslücken im Führungsablauf kommt.

Technische Ausstattung einer Technischen Einsatzleitung

Die Ausstattung einer Technischen Einsatzleitung ist zumeist abhängig von der Größe der einrichtenden Gebietskörperschaft und deren finanziellen Mittel. Neben der personellen Ausstattung muss eine Technische Einsatzleitung auch in materieller Hinsicht entsprechend ausgestattet sein. Diese Ausstattung ist abhängig vom Gefahrenpotenzial der jeweiligen Gebietskörperschaft. Das Gefahrenpotenzial wird in der Regel durch eine Bedarfsplanung (Rettungsdienst, Brand- und Hilfeleistungsschutz und Katastrophenschutz) ermittelt und im Katastrophenschutzplan niedergeschrieben. Der Katastrophenschutzplan wird von der zuständigen Katastrophenschutzbehörde aufgestellt und ist nach einem gesetzlich vorgegebenen Rahmenplan zu erstellen. Hierin sind auch die externen Notfallpläne und für andere besondere Gefahrenlagen weitere Sonderpläne enthalten. Die Planunterlagen sind ständig fortzuschreiben. Im Katastrophenschutzplan ist insbesondere das jeweilige Alarmierungsverfahren, die im Katastrophenfall zu treffenden Sofortmaßnahmen sowie die Einsatzkräfte und -mittel auszuweisen. Ebenfalls werden in den Katastrophenschutzplänen und in den dazugehörigen Gesetzen und Verordnungen die Zuständigkeiten geregelt.

Das Bundesinnenministerium teilt hierzu auf seiner Internetseite mit:

»Der Katastrophenschutz ist Teil der allgemeinen Gefahrenabwehr. Er obliegt den Ländern. Für die Bürgerinnen und Bürger vor Ort sind die Gemeinden, bzw. die Kreise und kreisfreien Städte Ansprechpartner. Sie sind als sogenannte untere Katastrophenschutzbehörden für den Schutz bei größeren Unglücksfällen oder Katastrophen verantwortlich.
Jede Bürgerin und jeder Bürger kann in jeder Stadt, in jeder Gemeinde zu jeder Zeit Hilfe über die (Rettungs-)Leitstellen anfordern. Dazu wirken Feuerwehren, Polizei und Ordnungsbehörden eng zusammen. Je nach Bedarf und Vereinbarung wirken auch die freiwilligen Rettungsdienste wie der Arbeiter-Samariter-Bund, die DLRG, das Deutsche Rote Kreuz, die Johanniter-Unfall-Hilfe und der Malteser Hilfsdienst beim Katastrophenschutz mit.« (BMI 2020)

In den Katastrophenschutzgesetzen der jeweiligen Bundesländer sind die Aufgaben des Bundes ebenfalls geregelt.

»Der Bund hat im Katastrophenschutz keine unmittelbaren Zuständigkeiten. Bei Naturkatastrophen und besonders schweren Unglücksfällen können die Länder allerdings nach Artikel 35 Grundgesetz unter anderem zusätzlich Polizeikräfte anderer Länder, Kräfte und Einrichtungen anderer Verwaltungen, wie z. B. das Technische Hilfswerk (THW), die Bundespolizei oder die Streitkräfte zur Hilfe anfordern.
Bei Unglücksfällen, die mehrere Bundesländer betreffen, hat zudem die Bundesregierung, soweit es zur wirksamen Bekämpfung erforderlich ist, zusätzliche Handlungsoptionen. Die Unterstützung des Bundes beim Katastrophenschutz wird allgemein als Katastrophenhilfe umschrieben. Gesetzliche Grundlage für die Aufgaben des Bundes im Zivil- und Katastrophenschutz ist das Gesetz über den Zivilschutz und die Katastrophenhilfe des Bundes (ZSKG).« (BMI 2020)

Kommen wir nun zurück zur technischen Ausstattung einer Technischen Einsatzleitung. Zuerst einmal werden hierfür geeignete Räumlichkeiten benötigt. Bei kleineren Lagen genügen hierfür auch Containerlösungen, wie z. B. ein Abrollbehälter Personal- und Führung in Verbindung mit einem Einsatzleitwagen Typ 2 (ELW 2).

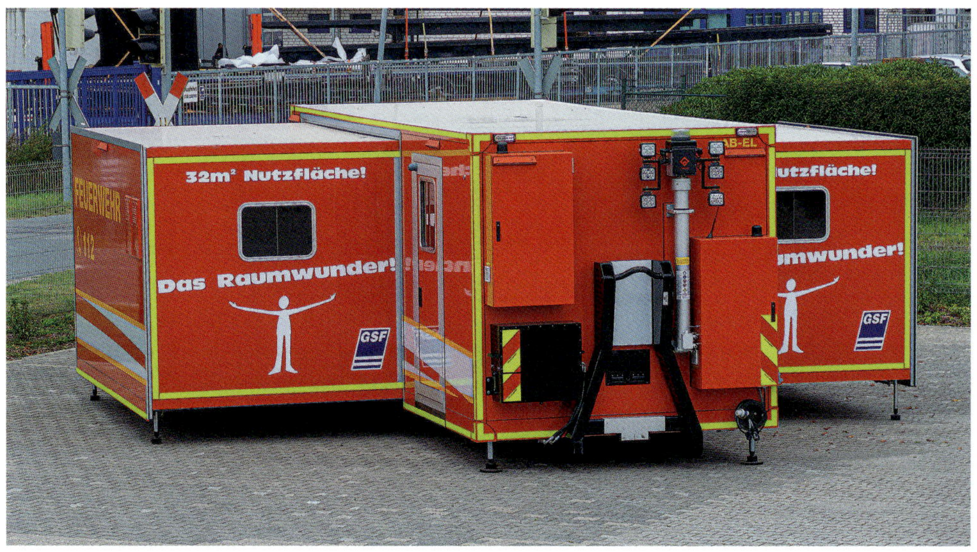

Bild 33: *Abrollbehälter Lage- und Führung (Bild: Firma GSF aus Twist)*

Bei größeren Lagen wird man aber nicht umhin kommen, geeignete große Räume zur Etablierung einer Technischen Einsatzleitung zu nutzen. Hierbei eignen sich z. B. größere Stabsräume oder Lehrsäle bei den Feuerwehren. Neben dem eigentlichen Raum für die Technische Einsatzleitung werden hierbei noch kleinere Besprechungsräume und eine Telefon- und Funkzentrale benötigt.

Bei Einsatzlagen in der Vergangenheit hat sich eine V-förmige Anordnung der Sachgebiete bewährt. Jeder Sachgebietsleiter/jede Sachgebietsleiterin sollte mindestens noch einen Führungsgehilfen/eine Führungsgehilfin zur Unterstützung an seiner/ihrer Seite haben. Das Sachgebiet S 2 (Lage) benötigt darüber hinaus noch einen Lagekartenführer/eine Lagekartenführerin und einen Sachbearbeiter/eine Sachbearbeiterin für das Einsatztagebuch.

Für die Verteilung der eingehenden und ausgehenden Meldungen wird ein Arbeitsplatz für den Sichter/die Sichterin benötigt. Geleitet wird die Technische Einsatzleitung durch den Leiter/die Leiterin des Stabes, auch hierfür wird ein entsprechend ausgestatteter Arbeitsplatz benötigt. Da es sich bei einer Technischen Einsatzleitung um eine systemrelevante Einrichtung handelt, sollten auch entsprechende Sicherheitsvorkehrungen vorhanden sein. Dieses wären u. a. ein abgeschlossener Bereich für die Einsatzleitung mit einer entsprechenden Zugangskontrolle und namentliche Kennzeichnung der Angehörigen des Stabes (vorbereitete Namensschilder zum anklipsen), einschließlich der eventuell benötigten Fachberater/Fachberaterinnen. Auch sie benötigen innerhalb der Technischen Einsatzleitung entsprechend ausgestattete Arbeitsplätze. Da die Vertreter/Vertreterinnen der Bundeswehr (zumeist vom Kreisverbindungskommando) und die Vertreter/Vertreterinnen des Technischen Hilfswerkes und der Polizei zumeist ihre eigene EDV-Ausstattung mitbringen, ist dafür Sorge zu tragen, dass diese Mitarbeiter/Mitarbeiterinnen auch mit ihren Geräten in das EDV-Netz der Technischen Einsatzleitung implementierbar sind.

Jeder Arbeitsplatz sollte mindestens mit einem Schreibtisch (einfacher Tisch reicht dazu aus) und einem bequemen Stuhl ausgestattet sein. Hinzu kommt ein Telefon (unbedingt darauf achten, dass die Telefone auch stumm geschaltet werden können) und möglichst ein Notebook (oder anderweitiger Rechner) mit der Möglichkeit, E-Mails zu versenden und zu empfangen und einem Internetzugang. Die jeweiligen Vorgaben der zuständigen IT-Abteilungen sind hierbei im Vorfeld zu berücksichtigen. Gegebenenfalls ist hierfür eine geeignete eigene Infrastruktur aufzubauen.

Für den Lagekartenführer/die Lagekartenführerin und für die Lagedarstellung müssen ebenfalls geeignete Hilfsmittel zur Verfügung stehen. Die Erfahrungen haben gezeigt, dass man hierfür in der Regel nicht zu viel Platz einplanen kann. Neben fest installierten Whiteboards sind interaktive Boards, Tafelsysteme aller Art sowie Videoprojektoren und Großbildschirme notwendig, um die benötigten Informationen ausreichend darzustellen.

Muss eine Technische Einsatzleitung ohne fest eingerichtete Räumlichkeiten agieren, so empfiehlt es sich, für jedes Sachgebiet und für die weiteren Mitglieder der Technischen Einsatzleitung im Vorfeld fest zugeteilte und der jeweiligen Aufgabe entsprechend ausgestattete Boxen mit den benötigten Unterlagen zur Verfügung zu stellen. Die Vollständigkeit und die Aktualisierung der verwaltungsseitigen Ausstattung der Technischen Einsatzleitung obliegen hier in der Regel dem Sachgebiet 1 (Personal und innere Führung). Ein besonderes Augenmerk ist der IT-Ausstattung zu widmen. Es empfiehlt sich, dass z. B. die bereit gestellten Notebooks regelmäßig durch Systemadministratoren/Systemadministratorinnen gewartet werden, wenn man nicht Gefahr laufen möchte, im Einsatzfall plötzlich mit einem Update der verwendeten Rechner konfrontiert zu werden und die Geräte deshalb nicht verwendet werden können. In welchem Turnus die Geräte gewartet werden, ist mit der jeweils zuständigen IT-Abteilung zu vereinbaren. Ein schriftlich festgelegter Update-Plan ist hierbei hilfreich.

Viele Technische Einsatzleitungen arbeiten heute mit modernen, EDV-gestützten Einsatzleitprogrammen (s. hierzu Kapitel 8.1). Dennoch sollte jede Technische Einsatzleitung und jedes Stabsmitglied in der Lage sein, auf eine papierbasierte Rückfallebene zurückgreifen zu können. In regelmäßigen Abständen sollte deshalb nach wie vor mit dem bewährten Vierfach-Vordruck Ausbildung betrieben werden! Zudem muss sichergestellt sein, dass eine Technische Einsatzleitung auch bei einem flächendeckenden oder auch lokal begrenzten Stromausfall einsatzbereit bleibt.

Der Vierfach-Vordruck besteht aus farblich unterscheidbaren vier Seiten, die mit Hilfe des Durchschreibverfahrens jeweils alle gleich beschriftet werden. Die darauf verfassten Meldungen sollten kurz und knapp verfasst sein. Über entsprechende vorgegebene Spalten werden die wichtigsten Daten, wie Uhrzeit, Absender und Empfänger der jeweiligen Meldung vom Absender vorgegeben. Das Arbeiten mit diesem bewährten Hilfsmittel erfordert ein wenig Disziplin und eine regelmäßige Aus- und Fortbildung bzw. Übung. Es ist aber DAS Hilfsmittel, wenn der elektronische Kommunikationsweg versagt.

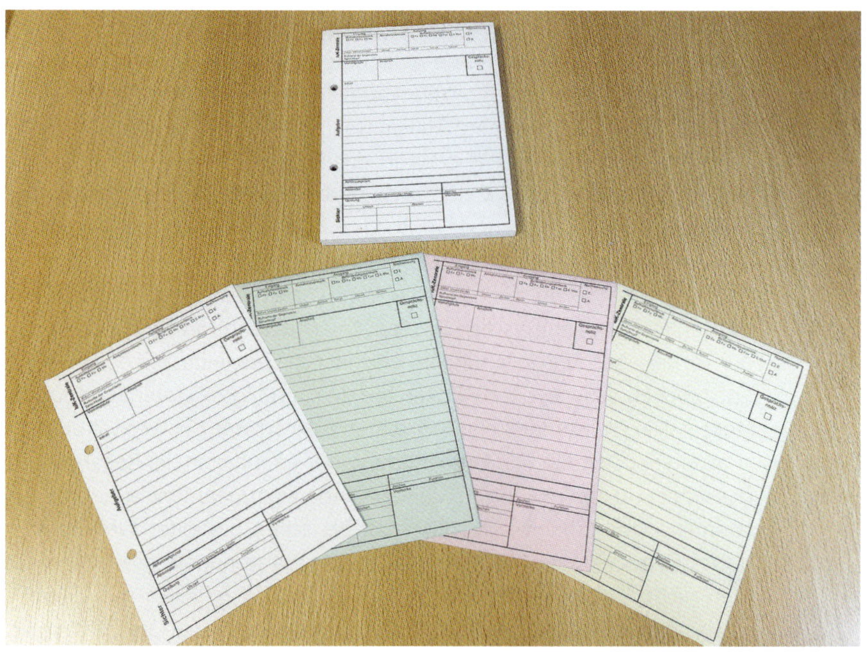

Bild 34: *Der bekannte Vierfach-Vordruck, es befinden sich immer vier Durchschläge je Seitensatz in einem Abreißblock*

Für die Ausstattung der Rückfallebene gehören auch Sätze mit taktischen Zeichen für die Lagedarstellung und für das Sachgebiet 1 zur Personalvorhaltung. Des Weiteren ist es sinnvoll, sich mehrere Sätze mit Schadenkonten bereit zu legen. Diese Hilfsmittel gibt es im einschlägigen Fachhandel oder man kann sie auch ohne großen Kostenaufwand selbst herstellen. Das Institut der Feuerwehr Nordrhein-Westfalen bietet hierzu auf seiner Internetpräsenz Arbeitsmaterialien zur Lagedarstellung an. Diese kann man sich als pdf-Dokument herunterladen und für einen Einsatzfall bereithalten (vgl. hierzu: IDF 2021).

Grundsätzlich ist zu empfehlen, dass man sich mit allen eventuell benötigten Kartenmaterialien, Führungsunterlagen, Listen über Sondergeräte, Ansprechpartner, Baufirmen etc. für seine Stabsarbeit ausstattet. Dies hilft, im Einsatzfall wertvolle Zeit zu sparen und erleichtert den Stabsmitgliedern die Arbeit.

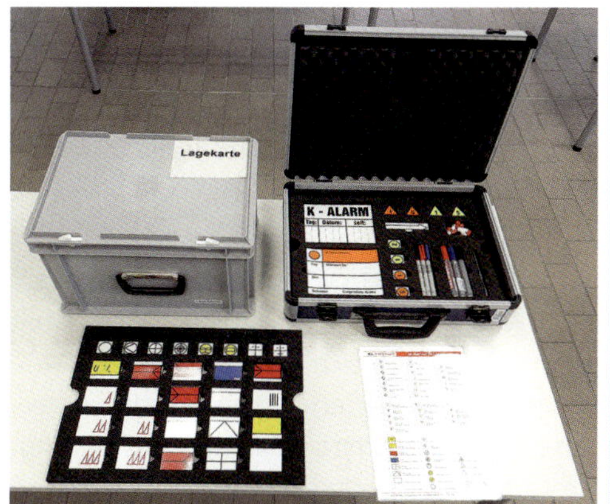
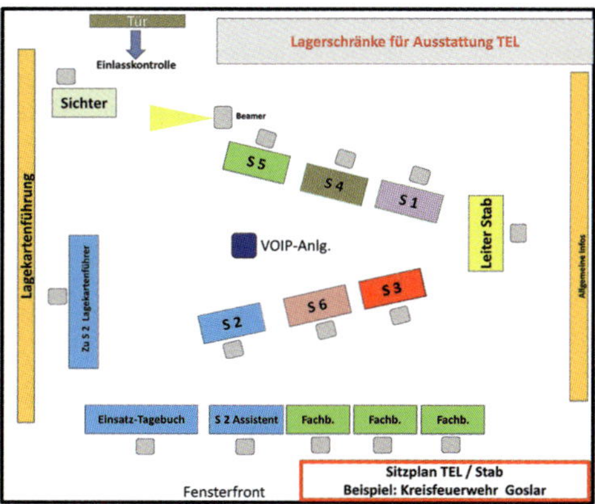

Bild 35 und 36: *Vorbereitete Unterlagen für das Sachgebiet S 2 bzw. S1 mit Lagekartenmaterial und einem Satz taktischer Zeichen auf Magnetbasis (links). Beispiel für die Sitzanordnung innerhalb einer Technischen Einsatzleitung (rechts).*

Neben den Räumlichkeiten für die eigentliche Technische Einsatzleitung mit den Sachgebieten 1 bis 6 wird auch eine Telefon- und Funkzentrale benötigt. Diese sollte aber von den Räumen der Stabsmitglieder getrennt sein, damit es nicht durch den Funkverkehr und Telefonaten zu einer gegenseitigen Beeinträchtigung der Arbeiten kommt. Auch die Telefon- und Funkzentrale ist mit der entsprechenden EDV-Ausstattung auszurüsten. Neben einer Mindestausstattung mit Funkgeräten (vornehmlich Tetrafunk) und Telefonen gibt es auch hier je nach finanzieller Möglichkeit stark variierende Ausstattungen bei den Feuerwehren und anderen BOS-Organisationen.

Bild 37 und 38:   *Blick in eine Technische Einsatzleitung während einer Fortbildungsmaßnahme. In der Bildmitte die VOIP-Telefonanlage (links). Weniger gut hat sich eine Sitzanordnung der Sachgebiete in der Form »Hintereinander« bewährt, da sich hierbei die Stabsmitglieder nicht gegenseitig sehen können. Hier ein Beispiel aus einem realen Einsatz im Landkreis Goslar im Juli 2017 (rechts).*

Neben den bereits genannten Whiteboards, Schultafeln und digitalen Medienboards haben sich zudem Taktikfolien sehr gut bewährt. Mit Hilfe dieser Folien, die es mit Einsatzschemen oder auch in Blankoform gibt, lassen sich vielfältige Lagedarstellungen schnell und effektiv darstellen. Diese Folien haften zudem auf den unterschiedlichsten Untergründen. Es gibt diese Folien auch in transparenter Ausführung, so dass sich sehr leicht z. B. topografische Karten darunter legen lassen und man dann ohne Beschädigung des Kartenwerkes Eintragungen vornehmen kann. Der Vorteil bei einem Einsatz solcher Hilfsmittel liegt darin, dass man die Folie auf nahezu allen halbwegs ebenen Flächen (Türen, Wänden, Fahrzeugkarosserien etc.) anhaften kann. Man gewinnt hierbei zusätzlichen Platz für etwaige Lagedarstellungen oder anderweitige Informationen. Zudem lassen sich die bei einem Einsatz beschriebenen Folien gut für spätere Recherchen platzsparend archivieren.

Da eine Technische Einsatzleitung bei einem Großeinsatz natürlich keine Einsatzführung unmittelbar vor Ort abwickeln kann, bedarf es hierzu weiterer Abschnittsleitungen, die direkt vor Ort die Einsatzabwicklung vornehmen. Hierfür muss aber ebenso eine gute Kommunikationsausstattung in den Einsatzabschnitten zur Verfügung stehen. Die Einsatzabwicklung bei solchen stabsmäßig zu führenden Einsätzen lässt sich in der Regel schlecht aus einem Einsatzleitwagen Typ 1 abwickeln. Mindestens ein Einsatzleitwagen Typ 2 oder 3 sind hier die bessere Wahl. Nach Möglichkeit sollte aber eine Stationierung der jeweiligen Abschnittsleitung in einem festen Gebäude bevorzugt werden.

Bild 39: *Beispiel für eine Folienbasierte Lösung eines Lagekartenvordrucks*

Für die stationäre Etablierung einer Abschnittsleitung gelten im Regelfall die gleichen Anforderungen wie für eine Technische Einsatzleitung, die aber je nach Bedarf etwas reduzierter ausgestattet sein kann. Es sollte aber auf jeden Fall sichergestellt sein, dass eine reibungslose Kommunikation zwischen der Abschnittsleitung und der Technischen Einsatzleitung z. B. des Stabes HVB jederzeit möglich ist. Die Kommunikationswege sollten auf eine breite Basis gestellt werden. Neben der herkömmliche Ausstattung mit Telefon und Digitalfunkanlagen sollten ein leistungsfähiger Internetanschluss, eine softwarebasierte Einsatzführung, eine Fax- und E-Mailverbindung und nach Möglichkeit eine satellitengestützte Kommunikationsmöglichkeit vorhanden sein.

Mitunter müssen Großschadenlagen, wie z. B. bei Hochwassereinsätzen, oft über mehrere Tage abgewickelt werden. Neben den obligatorischen personellen Ablösungen sollten den Mitarbeitern und Mitarbeiterinnen in den Abschnittsleitungen auch entsprechende Räumlichkeiten mit ergonomischen Sitzmöglichkeiten zur Verfügung gestellt werden. Denn nur so lässt sich halbwegs ermüdungsfrei eine längere Einsatzdauer bewerkstelligen.

Ein wesentlicher Bestandteil der ganzheitlichen Einsatzführung bei einem Großschadenereignis ist die Lagedarstellung und die Weitergabe der entsprechenden Lagemeldungen.

Bild 40: *Beispiel für eine moderne Funk- und Einsatzzentrale einer Abschnittsleitung in einem Feuerwehrhaus einer Freiwilligen Feuerwehr. Die Schreibtische sind zudem höhenverstellbar, so dass man auch im Stehen arbeiten kann und die Bürostühle sind ergonomisch konstruiert.*

Es empfiehlt sich hierbei, je nach den örtlichen Gegebenheiten, schon im Vorfeld bei der taktischen und operativen Einsatzplanung entsprechende Vordrucke zu erarbeiten und diese innerhalb z. B. der kreisangehörigen kommunalen Feuerwehren und Verwaltungen zu verteilen.

Die Lagemeldungen werden z. B. von der jeweiligen Abschnittsleitung zur Technischen Einsatzleitung bei Bedarf oder nach einem zuvor vereinbarten Rhythmus abgesetzt und vom Sachgebiet 2 der Technischen Einsatzleitung gesichtet, vom Stab bewertet und danach vom S 2 zusammengefasst. Nachfolgende Lagemeldungen werden fortan durchnummeriert und mit dem entsprechenden Datum und Uhrzeit usw. gekennzeichnet. Zur besseren und schnelleren Lesbarkeit hat es sich bewährt, alle Änderungen farblich (z. B. gelbe Farbe) zu kennzeichnen (vgl. hierzu: Kruckow/ Fricke 2021: S. 16 f).

Lagemeldung

von:	TEL Musterlandkreis	an:	
Einsatz / Ereignis:			
Stand: (Datum-Zeit-Gruppe)	TThhmmMMMJJ	**Lagemeldung- Nr.**	

Änderungen gegenüber den bisherigen Lagemeldungen sind gelb gekennzeichnet!

1.	**Allgemeines Lagebild** *Allgemeine Angaben zur Lage wie Wetterlage, Verkehrslage etc. im Schadengebiet, betroffene Gemeinden / Orte*	
2.	**Schadenschwerpunkte** *Prioritätensetzung, Art / Ort / Raum des Einsatzschwerpunktes, etc.*	
2.1	**Personenschäden**	
2.1.1	Tote	
2.1.2	Verletzte	
2.2	Sachschäden	
2.3	Ausfall von Versorgungs-, Verkehrs-, Telekommunikations-einrichtungen	
3.	Getroffene Maßnahmen	

Blatt 1

Lagemeldung

		FW	HiOrg´s
4.	**Eingesetzte Kräfte**		
4.1	**Eigene Kräfte**		
4.2	**Nachbarschafts- und überörtliche Kräfte** *Inkl. Entsender*		
4.3	**Landes- und Bundespolizei**		
4.4	**Bundesanstalt Technisches Hilfswerk**		
4.5	**Bundeswehr**		
4.6	**Andere** *z.B. gemeindliche Kräfte, Bauhof, andere Behörden*		
5.	**Lage bei den Einsatzkräften** *Führungsorganisation (gebildete Stäbe, Leitung vor Ort), Bereitstellungsräume, Logistik, Reserven, Ablösungen, Unfälle*		
6.	**Beabsichtigte Maßnahmen** *z.B. geplante Evakuierungen oder außergewöhnliche Maßnahmen (Sprengungen etc.), Einsatz von besonderem Gerät, besondere Gefahren*		
7.	**Presse-, Medien- und Öffentlichkeitsarbeit** *Darstellung des Presse- und Medieninteresses, getroffene Maßnahmen*		
8.	**Verschiedenes**		

Im Auftrag
gez.
Name / Funktion

Blatt 2

Bild 41 und 42:   *Beispiel für einen Vordruck zur Erstellung von Lagemeldungen*

Merke:

Abschließend bleibt festzustellen, je besser man sich auf kommunaler Ebene für etwaige Großschadenereignisse, insbesondere im Hinblick auf Starkregen-, Hochwasser- oder Sturzflutereignisse, vorbereitet, desto einfacher wird es, im Schadenfall die Lage in den Griff zu bekommen. Gute und umfassende Einsatzvorbereitung zahlt sich immer aus!

7 Spontanhelfende und Medienarbeit

Spontan tätig werdende Bürgerinnen und Bürger hat es bei größeren Einsätzen schon immer gegeben, dies war im Grunde genommen keine Besonderheit und die Hilfe wurde in der Regel auch immer gerne von den Einsatzkräften angenommen. Zumeist handelte es sich hierbei um Hilfe im Bereich der Logistik bzw. der Versorgung der Einsatzkräfte mit Getränken und Speisen.

Durch die Möglichkeiten, die sich mittlerweile durch den Gebrauch der sozialen Medien für jeden Bürger und jede Bürgerin ergeben, hat das Thema Spontanhelfende einen ganz neuen Stellenwert erhalten. Einen größeren Einsatz von Spontanhelfenden gab es beispielsweise beim Elbehochwasser 2002 oder beim Hochwasser 2013, bei denen hunderte von Helferinnen und Helfern die Einsatzkräfte beim Abfüllen von Sandsäcken unterstützten. Insgesamt kamen damals laut medialer Berichterstattung bis zu 23.000 Menschen zum Helfen. Bei der Hochwasserkatastrophe im Ahrtal

Bild 43: *Spontanhelfende beim Hochwassereinsatz an der Elbe 2002 an einem Sandsackabfüllplatz*

erreichte der Einsatz der Spontanhelfenden allerdings eine ganz neue Dimension. Damit es nicht zu völlig unkontrollierten Maßnahmen im Verlaufe einer Großschadenlage oder im Rahmen eines Katastrophenfalls kommt, sollten daher die Einsatzplanungen auch den Einsatz von Spontanhelfenden berücksichtigen und die jeweiligen Führungskräfte auf deren Einsatz geschult und vorbereitet sein.

Unter dem Begriff »Spontanhelfende« versteht man freiwillige Helfer und Helferinnen, die bei Großschadenlagen, meist nach Naturkatastrophen, schnell und unbürokratisch, zumeist unaufgefordert (zumindest von Seiten der Behörden), ihre Unterstützung anbieten. Neuerdings erfolgen die Hilfeaufrufe und die weitere Organisation der Hilfe über die sozialen Netzwerke. Synonym zu dem Begriff »Spontanhelfende« wird manchmal auch von »Ungebundenen Helfern« gesprochen. Im Jahr 2013 startete ein Forschungsprojekt zu dieser Thematik, deren Ergebnisse nach acht Jahren Forschung (im Oktober 2021) als Fachartikel in der Zeitschrift BRANDSchutz/Deutsche Feuerwehr-Zeitung veröffentlicht wurden. Drews et al. verweisen in ihrem Fachartikel auf einschlägige Fachliteratur und die Norm DIN EN ISO 22319 »Sicherheit und Resilienz – Resilienz der Gesellschaft – Leitfaden für die Planung der Einbindung spontaner freiwilliger Helfer« (vgl. Drews et al 2021: S 858).

Für die Hilfe leistenden Behörden und Organisationen stellt sich hierbei immer wieder die Frage: Soll man die Hilfe annehmen bzw. dulden oder soll man sie ablehnen bzw. untersagen? Zudem müssen zuvor die haftungsrechtlichen Aspekte geklärt sein. Vorangestellt bleibt aber festzustellen, dass eine Ablehnung der Hilfe durch Spontanhelfende zumeist nur auf Unverständnis und breite Ablehnung stoßen wird. Die professionellen Einsatzkräfte sind gut beraten, Spontanhelfende sinnvoll einzusetzen, zumal sich darunter oftmals auch gutes Fachpersonal (in medizinischer oder auch in technischer Hinsicht) befindet. Bei einer schlecht begründeten Ablehnung der Hilfsangebote kann die ablehnende Behörde, Feuerwehr oder Hilfsorganisation schnell den Zorn der Bürgerinnen und Bürger auf sich ziehen. Außerdem hat sich gezeigt, dass eine proaktive Kommunikation der Feuerwehr die Informationshoheit in den sozialen Netzwerken sichern kann. Werden Fragen hingegen ignoriert, kann Unmut bei der Bevölkerung entstehen. Mitunter organisiert sich diese dann selbst (vgl. hierzu: Sander 2020).

Niels Sander (2020) führt hierzu in seinem Artikel zu den Spontanhelfenden mehrere Vor- und Nachteile auf:

Vorteile:
- große Manpower und damit verbunden eine Entlastung der Einsatzkräfte,
- Einbringen von Spezialkenntnissen, wie Ortskenntnisse oder medizinische Spezialkenntnisse,

- Vermeidung von kontraproduktiven Einzelaktionen beziehungsweise der Konkurrenz zwischen Einsatzkräften und Spontanhelfenden und somit Doppelarbeit,
- die Bevölkerung erlangt eine gewisse Kontrolle über die Katastrophensituation und wird in ihrer Fähigkeit, Krisen und/oder Traumata selbst zu bewältigen, gestärkt (Resilienz).

Nachteile:

- Die Spontanhelfenden treten unvermittelt und zum Teil in großer Anzahl auf, sodass ihre Einbindung zunächst Ressourcen bei den Einsatzkräften bindet.
- Es gibt keine Garantie für die Einsatzdauer von Spontanhelfenden, genauso wenig gibt es eine Garantie, ob sie überhaupt ihre angebotene Hilfe antreten.
- Es gibt oftmals ein gewisses Konfliktpotenzial. Aufgrund fehlender Führungsausbildung und Erfahrung damit, geführt zu werden.
- Eine gute und strukturierte Einbindung erfordert zum Teil arbeitsintensive Vorbereitungen seitens der Feuerwehren, der Hilfsorganisationen bzw. der Katastrophenschutzbehörden.

Literaturtipp:

Drews, P. et al. (2021): Acht Jahre Spontanhelfendenforschung, in: BRANDSchutz/ Deutsche Feuerwehr-Zeitung 2021 (10): 858 – 865, 3 Abb.

Erst kürzlich bei der Hochwasserkatastrophe im Ahrtal hat sich wieder gezeigt, dass die Spontanhelfenden einen wesentlichen Anteil an der öffentlichen bzw. allgemeinen Hilfe hatten. Die Spontanhelfenden haben sich hierbei größtenteils selbst organisiert, da es bislang in Deutschland kaum praktikable Konzepte für die Steuerung bzw. Koordinierung von Spontanhelfenden gibt. Es sollte deshalb das Ziel sein, zukünftig die Koordinierung der Spontanhelfenden ebenfalls in den Einsatzplanungen mit zu berücksichtigen (vgl. hierzu auch: Drews et al. 2021: S. 858).

Eine wichtige Aufgabe ist es zum Beispiel, für die anreisenden Spontanhelfenden Zufahrtswege zuzuteilen, Parkplätze sind ebenfalls zu benennen. Zudem muss ein geordneter Transport der Spontanhelfenden von den Parkplätzen in die Einsatzgebiete vernünftig und klar erkennbar geregelt werden. In Verbindung mit den Aufrufen zur Spontanhilfe vor Ort geht oftmals auch ein Spendenaufruf einher, wobei zumeist um Sachspenden gebeten wird. Damit die jeweiligen Einsatzstäbe und

Einsatzkräfte vor Ort nicht über Gebühr mit der Verteilung von gespendeten Materialien usw. zusätzlich belastet werden, muss hierfür eine geeignete Logistik schnellstmöglich aufgebaut werden. Dazu gehören insbesondere geeignete Lagerräume usw. Oftmals können gerade für diese logistischen Aufgaben versierte Personen aus den Reihen der Spontanhelfenden gewonnen werden, die dadurch die offiziellen Einsatzstäbe maßgeblich entlasten können. Recht eindrucksvoll schildern Drews et al. in ihrem Artikel, welch organisatorischer Aufwand durch die Spontanhelfenden erbracht worden ist. So wurden in den ersten acht Wochen über 50.000 Helfer und Helferinnen mittels eines Shuttleservices, der ebenfalls privat organisiert war, von den Unterkünften in das Einsatzgebiet und zurück transportiert.

Mittlerweile gibt es einige Forschungsprojekte wie beispielsweise das Projekt »Professionelle Integration von freiwilligenHelfern in Krisenmanagement und Katastrophenschutz«, abgekürzt INKA, des Bundesministeriums für Bildungund Forschung, die sich mit dem Thema der Spontanhilfe befassen. An dieser Stelle sei auf die weiterführende Fachliteratur verwiesen. Letztendlich sei noch erwähnt, dass es neben diversen weiteren Projekten auch ein Projekt namens KUBAS gibt, dieses Projekt befasst sich mit der »Koordination ungebundener vor-Ort Helfer zur Abwendung von Schadenslagen«. Hierbei geht es in erster Linie darum, die Hilfsangebote der Spontanhelfenden entsprechend zu koordinieren und eine Kommunikationsstruktur zwischen den professionellen Einsatzstäben und den Spontanhelfenden aufzubauen (vgl. hierzu auch: Drews et al. 2021: S. 859 ff). Drews et al schlagen hierzu zwei Modelle vor, zum einen das Kooperationsmodell, welches die Spontanhelfenden in eigenen Einheiten zusammenfasst, die neben den offiziellen Hilfsorganisationen abgestimmte Maßnahmen abarbeiten und zum anderen das Inkorporationsmodell, wobei die Spontanhelfenden mit in die jeweiligen Einsatzorganisationen der BOS integriert werden. Beim letztgenannten Modell hat sich erwiesen, dass sich dadurch die Durchhaltefähigkeit bei den BOS-Einheiten erhöht hat (vgl. hierzu auch: Drews et al. 2021: S. 863). An dieser Stelle sei auch auf die neuesten Arbeiten zum Thema Spontanhelfende verwiesen, die in Teilen in einem Fachartikel in der Fachzeitschrift BRANDSCHUTZ publiziert worden sind

Literaturtipp:

Gonder, M./Fekete, A./Emrich, C. (2022): Erfolg bei der Bewältigung von Großschadenlagen durch die richtige Organisation von Spontanhelfenden, in: BRANDSchutz/Deutsche Feuerwehr-Zeitung 2022 (1): 14 – 17, 6 Abb.

Bei der stabsmäßigen Führung bzw. Berücksichtigung der Spontanhelfenden sollten diese Einheiten vergleichbar mit BOS-Einheiten geführt werden. Dem Sachgebiet 5 kommt hierbei eine besondere Rolle zu, aber auch die Sachgebiete 1 und 3 sind in die Führung der Spontanhelfenden mit einzubeziehen. Es bedarf hierbei einer gezielten Schulung der Einsatzstäbe, damit sie den Spontanhelfenden-Einsatz genauso gut koordinieren, wie den Einsatz der Professionellen Organisationen. Jedem Einsatzstab muss klar sein, dass Spontanhelfende keine Einsatzkräfte zweiter Klasse, sondern eine wertvolle und nicht mehr wegzudenkende Unterstützung der kommunalen Einsatzkräfte aus den Reihen der BOS sind.

Bei Großschadenlagen wie Hochwasser, Erdbeben, Stürmen oder Ausfall der kritischen Infrastruktur tuen die Behörden, die Feuerwehren und die Hilfsorganisationen gut daran, sich rechtzeitig auf Anfragen aus der Bevölkerung einzustellen. Es ist ratsam, die Steuerung der Spontanhelfendeneinsätze einem eigenen Abschnitt zuzuordnen. Dieser Abschnitt muss kommunikativ und logistisch in der Lage sein, etwaige Anfragen, Hilfsangebote usw. über die sozialen Medien oder auf herkömmlichen Wegen und Kanälen zu beantworten und zu steuern. Je nach Lage und Größe des Schadenereignisses kann die Steuerung der Spontanhelfendeneinsätze enorme Ausmaße annehmen, so dass man ggf. sogar eine eigene Technische Einsatzleitung dafür etablieren muss.

Die bekanntesten sozialen Netzwerke sind aktuell Facebook, Twitter, Instagram, YouTube und WhatsApp. Das Technische Hilfswerk hat hierzu eine besondere Einheit gegründet, sie nennt sich abgekürzt VOST (»Virtual Operations Support Teams«). Dieses Team besteht aus über 20 Helferinnen und Helfern aus den Reihen des Technischen Hilfswerkes. Bei größeren Einsätzen durchsuchen die Teammitglieder die sozialen Medien nach lagerelevanten Informationen. Die Mitglieder des Teams sind speziell im Umgang mit den sozialen Medien geschult. Nach der Sichtung der entsprechenden Meldungen werden diese bewertet. Falschmeldungen werden soweit sie erkannt werden, sogleich berichtigt. Die erhaltenen Informationen werden für die jeweiligen Einsatzleitungen aufbereitet und entsprechend weitergeleitet (vgl. hierzu: THW 2020).

Auch die Polizeibehörden und zunehmend immer mehr Feuerwehren agieren in den sozialen Netzwerken. Immer häufiger werden über diese Kanäle auch weitergehende Informationen für die betroffene Bevölkerung übermittelt. Der Landkreis Goslar (Niedersachsen) hat hierfür eigens eine Pressegruppe etabliert, die ein vollausgestattetes Einsatzleitfahrzeug Typ 1 zur Verfügung hat. Im Bedarfsfall unterstützt hierbei auch die Pressegruppe das Sachgebiet 5 in einer Technischen Einsatz-

Bild 44:   *Betreuung der Medienvertreter bei einem Hochwassereinsatz 2017 durch besonders geschulte Pressesprecher der Feuerwehren oder des THW*

leitung und falls notwendig organisiert diese Einheit auch »geführte Touren« für Medienvertreter durch die Einsatzstelle.

Neben der Information der Medien muss auch die unmittelbar betroffene Bevölkerung in ausreichendem Maße mit wichtigen Informationen versorgt werden. Hierzu ist es erforderlich, dass die Einsatzkräfte in Zusammenarbeit mit den Medienvertretern/Medienvertreterinnen, beispielsweise bei spontan einberufenen Bürgerversammlungen, direkt Informationen weitergeben. Einsatzkräfte, die mit den Medien in regelmäßigen Kontakt stehen, müssen entsprechend geschult sein, zudem sollten die örtlichen Pressesprecher/Pressesprecherinnen von ihren kommunalen Gebietskörperschaften auch dazu ermächtigt sein, Auskünfte an die Öffentlichkeit weiterzugeben.

Eine weitere Aufgabe von speziell geschulten Einsatzkräften in Pressegruppen sollte z. B. auch die Beobachtung von Mitteilungen in den sozialen Netzwerken direkt vor Ort sein. Mit einer entsprechenden technischen Ausstattung lassen sich somit schon zumeist in der Anfangszeit einer Einsatzlage Fake-News aufklären und die

Bild 45:   *Medienvertreter die direkt vor Ort vom Geschehen berichten, können ggf. auch zur Steuerung der Spontanhelfenden beitragen.*

Bevölkerung kann mit verifizierten Informationen versorgt werden. Ein probates Mittel, um Informationen einer größeren Anzahl an Medienvertretern und Medienvertreterinnen zu überbringen, ist die Einrichtung und Durchführung einer Pressekonferenz. Für deren Durchführung und Organisation sollte aber unbedingt entsprechend geschultes Personal aus den Reihen der Einsatzstäbe, Verwaltungen und/oder den Einsatzkräften beauftragt werden.

Aus den Erfahrungen in der Vergangenheit – nicht zuletzt nach den Einsätzen anlässlich der Unwetterkatastrophe im Juli 2021 – heraus ist dafür Sorge zu tragen, dass weder Medienvertreter noch anderweitige Personen ungewollten Zutritt zu den Einsatzstäben und zu den Führungsstellen vor Ort erhalten. Hier ist jeweils zu empfehlen, entsprechend geschultes Personal zu Absicherung abzustellen (vgl. hierzu: Marten et al. 2021: S. 836).

8 Einsatzführung bei Unwetterlagen

Dr. Henrik Eifert und Florian Karlstedt

Bei einer Unwetterlage wie etwa einem Hochwasser- oder Starkregenereignis kommt es u. U. innerhalb kurzer Zeit zu einer Vielzahl an Einsatzstellen, die über Notrufe zusätzlich zum allgemeinen Einsatzgeschehen bei den integrierten Leitstellen (ILS) gemeldet werden. Dies führt zu einer deutlichen Mehrbelastung der Leitstellen, die über die Inbetriebnahme zusätzlicher Arbeitsplätze sowie spezieller Notrufannahmeplätze reagieren können. Nichtsdestotrotz können Unwetterereignisse dazu führen, dass einige hundert oder gar mehr Einsatzstellen zusätzlich zum allgemeinen Einsatzaufkommen anfallen und durch die integrierten Leitstellen nicht mehr über die gewohnten Prozesse abgearbeitet werden können.

In Bayern sind sog. Kreiseinsatzzentralen vorgesehen, die bei Bedarf durch die dortigen integrierten Leitstellen aktiviert werden können und durch ehrenamtliches Personal besetzt werden (vgl. hierzu: Integrierte Leitstellen-Gesetz (ILSG) vom 25. Juli 2002 (GVBl. S. 318, BayRS 215-6-1-I) Abs. 5). Da eine ILS in Bayern immer für mehrere Landkreise bzw. kreisfreie Städte zuständig ist, kann so eine Aufteilung der nicht zeitkritischen Unwettereinsätze auf untergeordnete Führungsstellen erfolgen. Andere regional zumeist auf Kreisebene etablierte Konzepte sehen vor, dass durch die örtlich zuständige Leitstelle die Notrufabfrage erfolgt und die Feuerwehreinsätze anschließend an die Feuerwehr der jeweiligen Stadt oder Gemeinde übermittelt werden. Die weitere Einsatzdisposition und -führung erfolgt dann eigenverantwortlich durch die Feuerwehr, beispielsweise aus einer Feuerwehreinsatzzentrale heraus. Dies entspricht einer Aufteilung der Gesamtlage »Unwetter« aus Sicht der Leitstelle in einzelne Einsatzabschnitte, die zumeist der Aufteilung der jeweiligen Kommunen entsprechen.

8.1 Digitale Abarbeitung einer Unwetterlage

Wie beschrieben, erfolgt bei einer Unwetterlage die Koordination der Einsatzkräfte zumeist eigenverantwortlich durch die Feuerwehr der jeweiligen Kommune. Als Zielsetzung der Einsatzkoordination sollte dabei sein:

- Darstellung und Erfassung aller Einsatzstellen,
- Priorisierung der Einsatzstellen,
- Disposition der Einsatzkräfte nach Priorität der Einsatzstellen,

- Dokumentation der Tätigkeiten sowie der relevanten Zeiten (Dispositionszeit der Einsatzmittel, Eintreffzeit, Einsatzdauer) zu einer jeden Einsatzstelle.

Das Erreichen dieser Zielsetzung kann durch den Einsatz von Führungsunterstützungssoftware deutlich erleichtert werden. Da die grundlegenden Prozesse der Disposition einer örtlichen Führungsstelle bei einer Unwetterlage denen in einer Leitstelle gleichen, sollte die Führungsunterstützungssoftware entsprechende Merkmale aufweisen: Jede Einsatzstelle sollte als eigener Datensatz (Einsatz/Auftrag) in der Software mit der Adresse der Örtlichkeit sowie dem Einsatzanlass (Stichwort, Meldung) erfasst werden. Aus den Darstellungen in der Software sollte der Bearbeitungsstatus einer jeden Einsatzstelle (offen/in Bearbeitung/abgeschlossen) ersichtlich sein. Eine Übersicht der verfügbaren Fahrzeuge ermöglicht eine Zuordnung dieser zu den einzelnen Einsätzen und das Führen des aktuellen Fahrzeugstatus. Gegenüber einer papierbasierten Dokumentation bietet die Verwendung einer Führungsunterstützungssoftware diverse Vorteile, die in der folgenden Tabelle 11 aufgeführt sind:

Tabelle 11: *Vorteile und Erleichterungen bei der Abarbeitung*

Mehrplatzfähigkeit	Mit einer mehrplatzfähigen/netzwerkfähigen Software kann von beliebig vielen Arbeitsplätzen aus zeitgleich auf den gesamten Datenbestand zugegriffen werden. Alle Beteiligten erhalten sofort und in Echtzeit einen Einblick in die erfassten Daten und Informationen.
Verbesserte Dokumentation	Die Einträge in die Führungsunterstützungssoftware werden typischerweise automatisch mit einem Zeitstempel versehen, was einerseits die Erfassung beschleunigt und andererseits eine höhere Qualität der Dokumentation verspricht, da die Erfassungszeit revisionssicher durch die Software gesetzt wird. Zudem entfallen Probleme mit der Lesbarkeit einer handschriftlichen Dokumentation.
Schnittstellen	Über Schnittstellen können einerseits von den Einsatzleitsystemen der integrierten Leitstellen automatisiert Einsatzdaten übernommen werden. Andererseits können auch Statusmeldungen aus dem Digitalfunk vom System verarbeitet und dargestellt werden. Andererseits erleichtert die Übernahme von Statusmeldungen aus dem Digitalfunk in das System die Arbeit.

Tabelle 11: *Vorteile und Erleichterungen bei der Abarbeitung – Fortsetzung*

Filtern der Daten	Digital erfasste Daten können schnell und einfach nach unterschiedlichsten Kriterien gefiltert und durchsucht werden. Dies ist insbesondere bei mehreren hundert Einsatzstellen ein deutlicher Vorteil gegenüber einer reinen papierbasierten Erfassung.
Automatische Lagevisualisierung	Die im System erfassten Daten können automatisiert durch die Software schnell und einfach für ein Lagebild visualisiert werden. Dies ermöglicht beispielsweise eine Darstellung aller Einsatzstellen in einer Karte oder auch die Zusammenfassung der Gesamtlage in Zahlenwerte wie etwa Einsatzstellen pro Ortsteil oder die Gesamtzahlen von offenen Einsatzstellen.
Zusammenführung eines zentralen Lagebild	Die Informationen aus den einzelnen Softwaresystemen in der jeweiligen Kommune können über entsprechende Schnittstellen automatisch zu einem zentralen Lagebild auf Kreisebene zusammengeführt werden. Da die Daten im System bereits vorhanden sind, kann ein System diese Daten automatisiert übermitteln. Beispiele: EDPconnect, Fireboard Portal-Ticker.
Einbindung von Erkundern	Bei einer vernetzten Softwarelösung können auch mobile Erkunderfahrzeuge über Tablet-PC eingebunden werden, die gezielt Einsatzstelle anfahren und vor Ort eine Einschätzung der Dringlichkeit vornehmen und diese über eine Anbindung des mobilen Geräts an die Führungsunterstützungssoftware direkt übermitteln.

8.2   Technische Aspekte

Durch das Wetterereignis kann es auch zu einer erheblichen Beeinträchtigung der Infrastruktur kommen, so dass die örtliche Führungseinrichtung so ausgelegt sein sollte, dass sie ohne Einschränkungen auch bei einem Stromausfall und einem Ausfall des Internets nutzbar ist. Die Vorhaltung einer unterbrechungsfreien Stromversorgung (USV) ist hierfür ebenso obligat wie eine Führungssoftware, die auch ohne vorhandene Internetverbindung weiterhin nutzbar ist. Dieser Aspekt ist auch zu bedenken, wenn für die Führungseinrichtung eine Direktanbindung an die Leitstelle über abgesetzte Leitstellenarbeitsplätze vorgesehen ist. Diese erfordern typischerweise eine bestehende VPN-Verbindung zur Leitstelle, die eine Internetanbindung voraussetzt. Darüber hinaus sollte auch ein Konzept für einen vollständigen Ausfall der EDV vorgesehen werden. In diesem Zusammenhang empfiehlt es sich eine regelhafte Archivierung der Einsatzdaten vorzunehmen. Dies kann beispielsweise ein

Ausdruck aller Einsätze in Listenform mit einer Unterteilung nach Bearbeitungsstatus sowie optional den dort im Einsatz befindlichen Einheiten sein.

Die Prozesse für die Abarbeitung von Unwetterlagen sollten im Vorfeld über ein entsprechendes Konzept zwischen der zuständigen Leitstelle sowie den untergeordneten Führungseinrichtungen wie etwa den kommunalen Feuerwehreinsatzzentralen festgelegt sein. Darin sollte definiert sein, über welchen Kommunikationsweg Einsätze von der Leitstelle an die jeweilige Führungseinrichtung übermittelt werden. Zudem sollte auch die Kommunikationsstruktur insgesamt festgelegt sein. Durch die Einführung des Digitalfunks stehen mehr Sprachgruppen für die Kommunikation zur Verfügung, so dass im Optimalfall eine Sprachgruppe für jede Führungseinrichtung mitsamt der ihr unterstellten Einsatzmittel genutzt werden kann.

8.3   Nutzung von Geo-Daten

Als Werkzeug zur Lagedarstellung und Lagebeurteilung kann die Nutzung von Kartendaten sehr hilfreich sein. Führungsunterstützungssysteme bieten zumeist auch ein Geoinformationssystem (GIS), das eine Darstellung von Informationen in Kartenform ermöglicht. Als Hintergrundkarten können hier offene Daten wie Openstreetmap oder TopPlus Open des Bundesamtes für Kartografie und Geodäsie dienen. Auf diesen Hintergrundkarten werden durch das GIS weitere einsatzbezogene Informationen dargestellt. Über den Prozess des Geocodings kann durch das System für jede Einsatzstelle die Koordinate der Einsatzadresse ermittelt werden und die Einsatzstelle über diese Koordinate dann in der Karte angezeigt werden. Dies ermöglicht einen Überblick über die räumliche Verteilung der Einsatzschwerpunkte.

Der von den Behörden und Organisationen mit Sicherheitsaufgaben (BOS) verwendete Digitalfunk unterstützt auch die Übermittlung von GPS-Positionsmeldungen der Funkgeräte. Diese Funktion wird jedoch entsprechend der jeweiligen landesspezifischen Vorgaben unterschiedlich verwendet und ist zum heutigen Zeitpunkt nicht bundesweit im Einsatz. Wenn diese Funktion freigegeben und nutzbar ist, bietet sie eine weitere einfache Möglichkeit, die zu führenden Kräfte in der Karte automatisiert darzustellen.

Darüber hinaus stellen auch verschiedene Behörden Geodaten bereit, die über definierte Standards in GIS-Systeme eingebunden werden können. So wird von den jeweiligen Landesämtern für Umwelt/Umweltministerien eine Darstellung der Überflutungsgebiete eines 100-jährigen Hochwassers (HQ100) angeboten. In dieser Kartendarstellung kann eine Abschätzung der betroffenen Bereiche bei einem Starkregenereignis auch an kleineren Bächen erfolgen. Die beiden folgenden Bilder zeigen einerseits die HQ100-Karte (Bild 46) sowie ein Foto des Parkplatzes (in Bild 46 rot umrandet), der nach einem Starkregenereignis im Juni 2021 überflutet wurde (Bild 47).

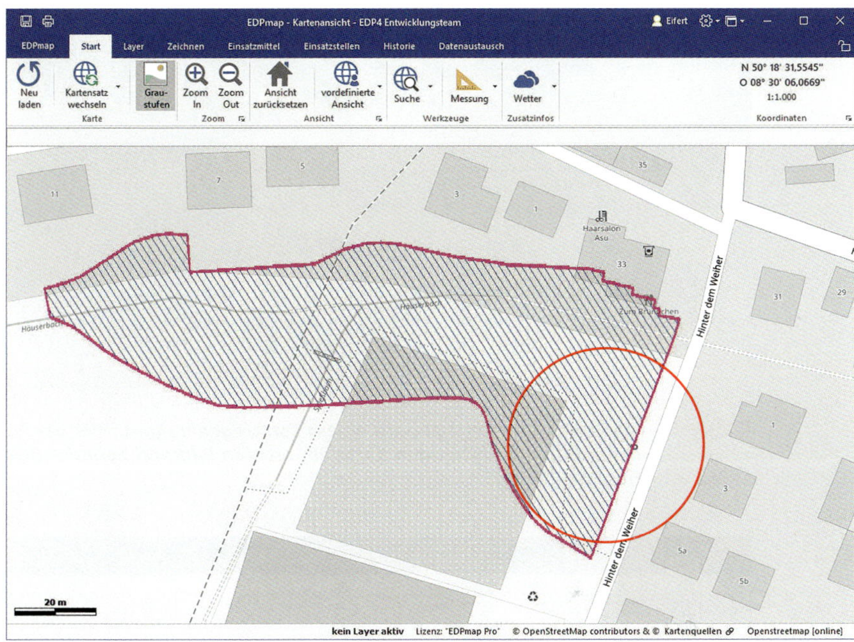

Bild 46:   *Screenshot aus dem Programm EDPmap. Das Bild zeigt die HQ100-Karte, Eifert Systems GmbH (Bild: Dr. Hendrik Eifert)*

Eine weitere hilfreiche Darstellung ist neben der Einbindung des aktuellen Niederschlagsradars auch die Aufsummierung der Niederschlagssumme der letzten 24 Stunden. Diese Daten werden durch den Deutschen Wetterdienst als WebMap-Service (WMS) bereitgestellt.

Die Niederschlagssummenkarte berechnet für die Fläche auf Basis von Radarbildern, die alle fünf Minuten erstellt werden, die gefallenen Niederschlagssummen in der Einheit mm/24h pro Quadratmeter. Ein Millimeter Niederschlag pro Quadratmeter entspricht einem Liter Wasser pro Quadratmeter. Über dieses Werkzeug lassen sich insbesondere bei kleinräumigen Starkregenereignissen wie einem ortsfesten Gewitter die betroffenen Bereiche abschätzen.

Bild 47:   *Typische Unwetterlage nach einem Starkregenereignis. Hier der Parkplatz, der sich in der vorherigen Karte am rechten Bildrand befindet (Bild: Dr. Hendrik Eifert)*

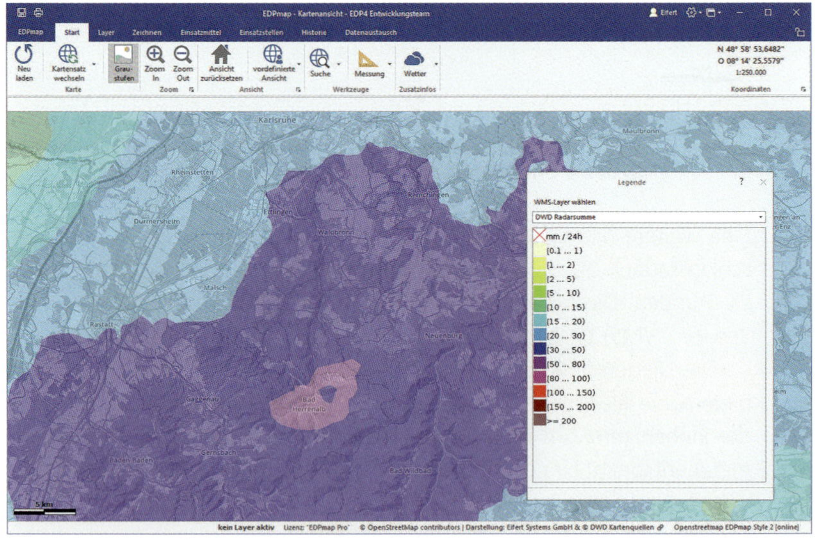

Bild 48:   *Screenshot mit Einblendung der Niederschlagssumme in die digitale Lagekarte, Eifert Systems GmbH (Bild: Dr. Hendrik Eifert)*

8.4   Darstellung von Pegelständen

Zur Lagebeurteilung bei einem Hochwasserereignis sind die Messungen der Pegelstände an Gewässern eine wichtige Informationsquelle. In Verantwortung der Bundesländer der Bundesrepublik Deutschland werden an verschiedenen Stellen Hochwassermeldepegel erhoben. Diese Daten werden über Hochwasserportale der Bundesländer bereitgestellt. Darüber hinaus gibt es das länderübergreifende Hochwasser Portal über den Pegelstände sowie Lageberichte und Hochwasserwarnungen abgerufen werden können.

An den Bundeswasserstraßen erfolgt die Ermittlung von Binnen- und Küstenpegeln, deren Messwerte von der Wasserstraßen- und Schifffahrtsverwaltung des Bundes (WSV) über das Portal Pegel Online sowie verschiedene APIs und Kartendienste bereitgestellt werden (vgl. hierzu: Wasserstraßen- und Schifffahrtsverwaltung des Bundes (WSV) (2022): Pegelonline Webservices. Über die von Pegelonline gebotenen Webservices ist auch eine Integration in bestehende GIS-Systeme über WebMapServices (WMS) oder WebFeatureServices (WFS) möglich, so dass Pegelstände der Bundeswasserstraßen zentral mit in der Gesamtlagedarstellung der digitalen Führungsunterstützungssoftware mit aufgenommen werden können.

Für die Daten der Länder, die flächendeckendere Pegelstände auch von kleineren Gewässern als den Bundeswasserstraßen liefern, ist eine Bereitstellung der Daten über eine API oder Webservices zur Integration in Drittanwendungen nicht beschrieben. Zwar ist die Zusammenfassung der Daten der einzelnen Bundesländer zu einem zentralen Hochwasserportal ein sinnvoller und wichtiger Schritt, allerdings wäre eine Bereitstellung dieser Daten über eine zentrale API eine wünschenswerte Erweiterung, um diese Daten auch in eigene Systeme integrieren zu können.

Hilfreiche Internetlinks:

- **Länderübergreifendes Hochwasser Portal:**
  https://www.hochwasserzentralen.de
- **Beispielhafte Webseiten für die einzelnen Hochwasserportale der Bundesländer:** www.hochwasser-hessen.de und www.hnd.bayern.de
- **Pegel Online der WSV:** www.pegelonline.wsv.de

(Stand: Februar 2022)

9 Bevölkerungswarnung und Einsatz von KI-Technologie

Ein wesentlicher Aufgabenteil im Rahmen der Gefahrenabwehr bei Hochwasserlagen ist die rechtzeitige Information der Bevölkerung. Werden eklatante Fehler bei der Warnung der Bevölkerung getätigt, so kann dies zu einer hohen Zahl an Opfern führen, wie man dies erst jüngst im Juli 2021 bei der Hochwasserkatastrophe in Rheinland-Pfalz und in Nordrhein-Westfalen erfahren musste. Bei der Bevölkerungswarnung unterscheidet man zwischen stationären Warnanlagen und mobilen Warnmöglichkeiten. Zu den stationären Warnmöglichkeiten zählen in erster Linie die Sirenen sowie Rundfunk, Fernsehen, soziale Medien, Warn Apps und stationäre Lautsprecheranlagen (letztere z. B. in Verbindung mit stationären Sirenen). Unter mobilen Warnmöglichkeiten versteht man Lautsprecheranlagen auf Fahrzeugen, Multikoptern oder Personen, die mit Megaphonen ausgestattet sind.

Erschwerend kommt in der heutigen Zeit dazu, dass nach der Wiedervereinigung Deutschlands und der Beendigung des Kalten Krieges eine Vielzahl der damals vorhandenen Luftschutzsirenen abgebaut wurden und sich das System der Sirenen größtenteils nur noch zur Alarmierung der Feuerwehr eignete. Erst in jüngerer Zeit hat hierzu ein Umdenkungsprozess stattgefunden und es werden nach und nach immer mehr Sirenen wieder zur Bevölkerungswarnung aktiviert bzw. neu errichtet. Hierzu hat die Bundesregierung 2021 sogar ein eigenes Förderprogramm ins Leben gerufen. Steht ein funktionierendes und flächendeckendes Sirenennetz wieder zur Verfügung, so stellt sich danach die Frage, welche Verhaltensregeln der Bevölkerung nach einer erfolgten Alarmierung mitgeteilt werden können. Die Bedeutung der Sirenentöne ist der Bevölkerung meist nicht mehr bekannt. Hierzu bedarf es noch weiterer Konzepte auf der jeweiligen kommunalen Ebene, damit die Möglichkeiten der Information und die Sensibilisierung der Bevölkerung im Vorfeld verbessert werden. Eine Möglichkeit ist die Verknüpfung der Warnmöglichkeiten untereinander, indem beispielsweise nach den Sirenensignalen weitere Informationen in Rundfunk, Fernsehen und den einschlägigen Warn Apps vermittelt werden. Sirenensignale haben immer eine geringe Informationsdichte und müssen mit einer Rundfunkdurchsage kombiniert werden. Zudem führen Sirenensignale oftmals auch zu einem Katastrophentourismus (vgl. hierzu: Hamacher/Cimolino 2021).

Für die unmittelbare Warnung vor Ort eignen sich auch mobile Warnanlagen (MOBELA). Hierbei handelt es sich um besondere Lautsprecher, zumeist in Kugelform, die auf Fahrzeugen montiert werden. Die Bevölkerung kann somit mittels

Sirenensignalen und zusätzlichen Lautsprecherdurchsagen über mögliche Gefahren informiert werden. Der Vorteil mobiler Lautsprecheranlage ist, dass ein einmal gesprochener Warntext abgespeichert werden kann und danach immer wieder per Knopfdruck abgespielt wird. Es empfiehlt sich hierbei auch, vorgesprochene Texte zu archivieren. Zumeist können solche Texte auf einer Speicherkarte hinterlegt werden, die man dann bei Bedarf in der mobilen Lautsprecheranlage nur noch abspielen muss. Bei Einsätzen und Übungen hat es sich als vorteilhaft erwiesen, möglichst langsam beim Abspielen der Durchsagen durch die Straßen zu fahren und ggf. sogar immer kurz das Fahrzeug anzuhalten.

Bild 49 und 50:   *Mobile Lautsprecheranlage auf einem MTF installiert (links). Kugellautsprecher einer mobilen Lautsprecheranlage zur Bevölkerungswarnung (rechts)*

Die Verwendung von speziellen Warn Apps sollte ebenfalls immer mit in Betracht gezogen werden. Es können mit Hilfe der Warn Apps zudem spezielle Anweisungen für die betroffene Bevölkerung ausgegeben werden. In der Regel erfolgt die Nutzung dieser Apps über spezielle Meldevordrucke und die Weiterleitung über die Feuerwehreinsatzleitstellen oder die polizeilichen Lage- und Führungszentren an den Warn App-Anbieter.

Damit die Bevölkerung vor einer drohenden Gefahr gewarnt werden kann, ist immer eine gewisse Vorlaufzeit notwendig. Die zur Verfügung stehende Vorlaufzeit ist von vielen Faktoren abhängig. Bei Starkregenereignissen, Hochwasserlagen oder Sturzfluten ist ein wesentlicher Zeitfaktor die betroffene Topografie und die Intensität der Niederschläge. Da diese Faktoren immer schwer anhand der zur Verfügung gestellten Wettermodelle zu ermitteln sind, beschäftigt sich die Wissenschaft derzeit damit, den Einsatz von künstlicher Intelligenz im Rahmen der Vorwarnung vor

Hochwasserereignissen einzusetzen. Im Folgenden ist ein Beispiel aus der Nordharz-region beispielhaft aufgeführt.

Im Nachgang zum Katastrophenhochwasser im Juli 2017 im Nordharzgebiet wurden insbesondere von der damals am stärksten betroffenen Stadt Goslar mit einem Schadensvolumen von über 10 Mio. Euro intensiv nach Lösungsmöglichkeiten gesucht, Hochwassergefahren frühzeitig zu erkennen. Im Rahmen dieser Bemühungen wurde sich darauf verständigt, ein Projekt zur Frühwarnung auf der Grundlage von »Künstlicher Intelligenz« (KI-Technologie) ins Leben zu rufen. Zielsetzung dieses Projektes ist die Entwicklung eines Systems, welches in der Lage ist, aus verschiedenen hydrologischen und meteorologischen Messdaten ein Hochwasserereignis vorherzusagen, selbst wenn dieses in seinem Ausmaß zuvor noch nie beobachtet wurde. Es werden hierzu die verschiedenen Pegeldaten der der Stadt zufließenden Gewässer im Oberlauf erfasst. Die Pegeldaten werden von Datenloggern geliefert und in ein Vorhersagesystem eingebunden. Durch das Einbinden weiterer Wetter-messstationen aus der Umgebung wird die Vorhersage zusätzlich verbessert.

Aufgrund der nur sehr geringen Vorwarnzeit zur Ergreifung von Abwehrmaß-nahmen hat sich bei den Untersuchungen eine Zeitspanne von 20 bis 30 Minuten ergeben. Es wurde daraufhin beschlossen, ein auf KI-basierendes Verfahren zu entwickeln. In der Projektskizze wird u. a. beschrieben, dass ein KI-basiertes Vor-hersagesystem auch komplexe nichtlineare Zusammenhänge aus aktuellen und retrospektiven Messwerten, wie z. B. Pegelständen, Lufttemperaturen und -flüchtig-keiten, Sonneneinstrahlungen, Windstärken und -richtungen und einem vorher-zusagenden Pegel lernen und fortan prognostizieren kann. Durch geeignete Techniken ist hier nicht nur die Wiedererkennung zuvor beobachteter Muster möglich, sondern auch eine Abstraktion und somit Vorhersage von Ereignissen, die in dieser Form zuvor nicht beobachtet wurden (Extrapolation) (Vgl. hierzu: Projektskizze Stadt Goslar o. Dat.: S. 8).

Inwieweit sich das hier beschriebene Vorwarnsystem bewährt, muss nun innerhalb der nächsten Jahre zielgerichtet untersucht und getestet werden. Es dürfte aber auf jeden Fall ein probates Mittel sein, um die Maßnahmen bei den kurzen Vorwarnzeiten in den Gebirgsregionen bei starken Niederschlägen maßgeblich zu optimieren. Künstliche Intelligenz wird zudem zunehmend auch im Bereich des Rettungsdienstes, der Medizin und auch bei der Disponierung von Feuerwehrein-sätzen in der Zukunft Verwendung finden (vgl. hierzu: Brüser 2022: S. 18ff).

10 Baulicher Hochwasserschutz und historische Betrachtungen

Neben der grundsätzlichen Berücksichtigung von Belangen des Hochwasserschutzes bei der Flächennutzungsplanung hat der bauliche Hochwasserschutz eine zentrale Bedeutung. Für großangelegte Hochwasserschutzmaßnahmen eignen sich ganz besonders die Täler in den Mittel- und Hochgebirgsregionen. Durch den Bau von Talsperren und Hochwasserretentionsanlagen können große Mengen an Wasser, welches zusätzlich bei Starkregenereignissen und Schneeschmelzen anfällt, aus den regulären Flussabläufen zurückgehalten werden.

Am Beispiel des höchsten norddeutschen Mittelgebirges, dem Harz, bleibt festzustellen, dass mit der zunehmenden Nutzung des Harzer Vorlandes der Hochwasserschutz die erste Aufgabe der Talsperren im Gebirge ist. Martin Schmidt (2012, S. 33) schreibt hierzu:

»Sie ermöglichen das Zurückhalten der übergroßen Wasserführungen in Zeiten der Schneeschmelze, nach heftigen Gewitterregen oder nach längeren Landregen. An Hochwassertagen können das 1000- oder gar das 2000fache des Abflusses der Trockentage oder das 50- bis 100fache der mittleren Abflüsse zu Tal gehen«.

Zur Gefährdungslage des Harzvorlandes schreibt Schmidt (2012: S. 33) weiter:

»Obwohl die Fläche des Harzes relativ klein ist, ist seine Hochwassergefährdung für das Vorland außerordentlich groß. Nicht der gegenüber seiner Umgebung zwei- oder dreifach höhere Niederschlag im Harz ist das Maß für die Überschwemmungsgefährlichkeit, sondern die Tatsache, dass bei Hochwasser seine Abflüsse pro Flächeneinheit, die sog. Abflussspenden, 12 bis 14mal so groß sein können wie die entsprechenden Werte im Harzvorland. Hochwassermäßig hat der Harz also die Wirkung einer vielfach größeren Fläche«

In diesem Kapitel sollen die verschiedenen baulichen Hochwasserschutzmaßnahmen dargestellt werden. Aufgrund der Fülle von Möglichkeiten kann hier allerdings nur auf eine Auswahl eingegangen werden. Zu allererst bleibt festzustellen, dass jede Hochwasserschutzmaßnahme auch einen erheblichen Eingriff in die natürlichen Verhältnisse der Flussläufe und der damit einhergehenden Landschaften darstellt. Mitunter kann es sogar zu einer Verschlechterung der Hochwassersituation durch solche baulichen Anlagen kommen. Der bauliche Hochwasserschutz muss grundsätzlich mit den ökologischen Gegebenheiten in einen vertretbaren Einklang gebracht werden. Hierbei kommt mitunter den Fachbehörden, die für die jeweilige Bauplanung und Flächennutzung zuständig sind, eine zentrale Rolle zu. Ausgetrocknete Flussunterläufe führen dann häufig zu anderweitigen schwerwiegenden ökologischen Problemen, die es neben dem Hochwasserschutz natürlich ebenfalls zu betrachten gilt. Hieraus folgen dann Risikoabwägungen zwischen den ökologischen und ökonomischen Problemfeldern.

Aus Sicht des baulichen Hochwasserschutzes stellen Talsperren in der Regel die größten und teuersten Schutzmaßnahmen dar, einhergehend mit großen ökologischen Einschnitten für die Natur. Am Beispiel des Harzes, der eine Vielzahl von großen Talsperren unterschiedlichster Bauart aufzuweisen hat, sollen hier einige Systeme vorgestellt werden. Im Harz begann man schon vor mehreren hundert Jahren mit dem Bau von Dämmen und kleineren Talsperren. Dienten diese in erster Linie der Wasserzuführung zu den Bergwerksanlagen, so waren sie aber zum Teil auch für den Hochwasserschutz nutzbringend (vgl. hierzu: Roseneck et al. o. D. S 1 ff). Für den Bergbau waren diese Anlagen existenziell notwendig. Die Baumeister der damaligen Zeit konnten dadurch sehr viele Erfahrung sammeln, die später auch

Bild 51:   *Der Oderteich im Harz, eine der ältesten Talsperren in Deutschland*

für den Hochwasserschutz gut verwertbar waren. Durch die Wasserwirtschaft des Oberharzer Bergbaus wurde auch der Bau des Oderteiches ermöglicht. Dieser galt lange Zeit als größte Talsperre Deutschlands (vgl. hierzu: Schmidt 1989, S. 141 – 189).

Nach dem Oderteich entstanden insbesondere in den Vor- und Nachkriegsjahren des zweiten Weltkrieges bis in die siebziger Jahre hinein mehrere große Talsperren in Deutschland, die neben der Trinkwassergewinnung auch dem Hochwasserschutz dienten. Häufig stehen bzw. standen diese Hochwasserschutzbauten auch mit dem Schicksal von tausenden Zwangsarbeitern in der nationalsozialistischen Zeit in Deutschland in trauriger Verbindung. Die Nationalsozialisten nutzten die Zwangsarbeiter dabei gnadenlos aus und viele kamen beim Bau der Talsperren ums Leben.

Neben dem eigentlichen Bau der Talsperren, kommt dem Betrieb der Anlagen eine herausragende Bedeutung zu. In seiner Dissertation schreibt Martin Goch (2013, S. 87): »Einerseits wird erwartet, dass der prognostizierte Klimawandel die zukünftige Hochwasserbelastung verschärft. Andererseits motiviert dies eine Anpassung des Talsperren Betriebs. Beides hat Auswirkungen auf das Hochwasserrisiko.«

Die größte Talsperre in Deutschland, die vornehmlich zur Trinkwasser- und Energiegewinnung, aber auch als Hochwasserschutztalsperre fungiert, ist die Rappbodetalsperre im sachsenanhaltischen Teil des Harzes. Die Talsperre wurde in den Jahren 1952 bis 1959 erbaut. Der Staudamm besteht aus einer 106 m hohen Staumauer. Diese Mauer ist zudem die höchste Staumauer Deutschlands. Zusammen mit einem System von Vor- und Nachsperren ist es auch das größte Hochwasserschutzbauwerk im Harz. Im Besonderen werden die unterhalb der Staumauer gelegenen Ortschaften vor den Gefahren eines plötzlichen Hochwassers geschützt. Die Staumauer ist eine Gewichtsstaumauer, die über ihr Eigengewicht das gesamte Tal abriegelt und über dessen Dammkrone auch eine Bundesstraße verläuft. Die Dammlänge beträgt 415 m bei einer durchschnittlichen Breite von 12,50 m.

Ebenfalls aus einer Gewichtsstaumauer bestehend begann der Bau der Okertalsperre in den Jahren 1938 bis 1942. Die Staumauer selbst wurde von 1952 bis 1956 errichtet. Es handelt sich hierbei um eine Bogengewichtsstaumauer mit einer Länge von 260 m und einer Höhe über dem Talgrund von 67 m, sowie einer Kronenbreite von 8 m. Im Stausee können knapp 47 Millionen Kubikmeter Wasser aufgestaut werden. Die Stauanlage dient der Stromerzeugung, der Niedrigwassererhöhung und dem Hochwasserschutz; indirekt wird sie auch zur Trinkwassergewinnung genutzt. Schon mehrfach hat die Okertalsperre die Städte und Dörfer, die sich unterhalb des Staudammes befinden, bis hin zu den Städten Wolfenbüttel und Braunschweig vor Hochwasser geschützt. Allerdings gab es auch Hochwassersituationen, in denen die Talsperre an ihre Grenzen kam und der Überlauf aktiviert wurde. Zuvor kam es in schneereichen Wintern immer wieder zu Überschwemmungen in Braunschweig und Wolfenbüttel.

Einem Flyer der Harzwasserwerke ist zu entnehmen (Harzwasserwerke 2014):

»Wenn die Talsperre nicht mehr ausreichend Stauraum zur Verfügung hat, kann Wasser kontrolliert über den Grundablass in das Flussbett der Oker abgegeben werden. Im Extremfall kommt eine Hochwasserentlastungsanlage zum Einsatz, um Wasser gefahrlos abführen zu können. Die acht sogenannten Heber an der Mauerkrone verhindern ein »Überlaufen« der Talsperre. Durch sie stürzt das Wasser außen an der Staumauer hinab und wird über eine Sprungschanze in das sogenannte Tosbecken geschleudert, wo es sich beruhigen und weiter in die Oker fließen kann. Dies ist ein äußerst seltenes und spektakuläres Ereignis, das bisher nur zweimal (1981 und 1994) vorgekommen ist.«

Bild 52 und 53: *Der Okerstausee im Westharz (links). Ansicht auf die 65 m hohe Staumauer des Okerstausees (rechts).*

Eine gänzlich andere Bauart weist die Innerstetalsperre auf. Sie wurde in den Jahren 1963 bis 1966 als 40 m hoher und 750 m langer Erddamm im Tal der Innerste errichtet. Sie dient der Trinkwassergewinnung, der Niedrigwasseraufhöhung und dem Hochwasserschutz. Gerade letzteres ist existenziell wichtig für die Industriestadt Langelsheim und weiterer Ortschaften am Nordharzrand. Der Talsperrendamm ist mit einer mehrlagigen Asphaltschicht als Abdichtung versehen. Aufgrund des eher geringen Aufnahmevolumens ist diese Talsperre nur begrenzt für den Hochwasserschutz geeignet. Dennoch kann durch die Zurückhaltung plötzlich auftretender Hochwässer die Hochwasserspitze deutlich gesenkt werden. Die Talsperre ist mit einer Hochwasserentlastungsanlage ausgestattet, die im Durchschnitt alle zwei Jahre durch Hochwassereinfluss in Betrieb geht (Wikipedia: Innerstetalsperre 2021).

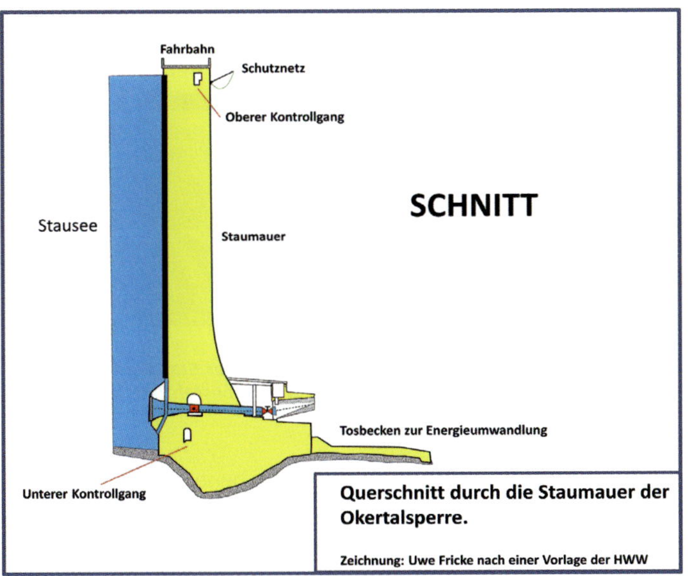

Bild 54: *Querschnitt durch die Staumauer der Okertalsperre*

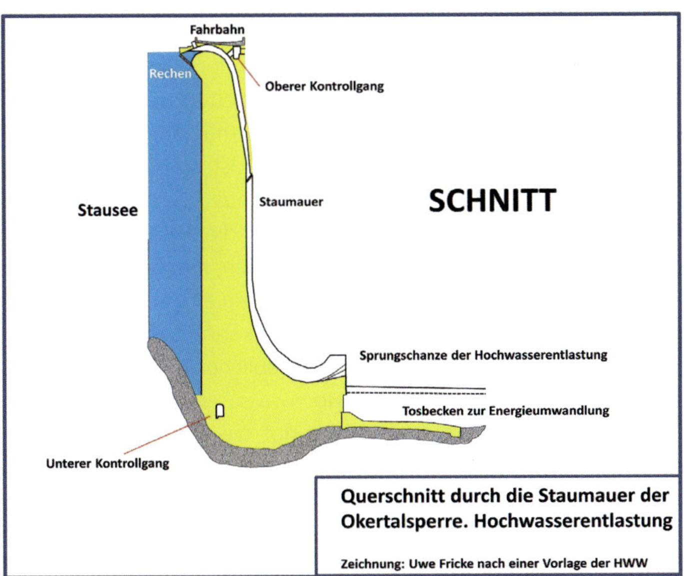

Bild 55: *Querschnitt durch die Staumauer der Okertalsperre mit der Hochwasserentlastungsanlage*

Bild 56 und 57: *Die Innerstetalsperre im Harz, im Vordergrund der Stauseedamm (links). Die Hochwasserentlastungsanlage der Innerstetalsperre besteht aus einem großen trichterförmigen Betoneinlaufbauwerk (rechts).*

Eine nicht zu unterschätzende Gefahr bei Starkregenereignissen besteht darin, dass durch das abfließende Wasser von den Steilhängen mitunter sehr viel Holz (Totholz) und Strauchwerk mitgerissen wird. Dieses Schwemmgut kann zu einer ernsten Gefahr für die Hochwasserentlastungsanlagen der Talsperren werden. Das Schwemmgut kann hierbei die Einlaufbauwerke der Hochwasserentlastungsanlagen verstopfen und zu einer Überflutung des Talsperrendammes oder der Staumauer führen. Laut Auskunft der Talsperrenbetreiber besteht hierbei dann die Gefahr, dass es zu baulichen Schäden an der Stauanlage kommen kann.

Für den abwehrenden Hochwasserschutz bedeutet dies, dass die Hochwasserentlastungsanlagen ständig beobachtet werden müssen, wenn es zu einem drohenden Überlauf der Stauanlage kommen kann. Ist der Talsperrenbetreiber hierzu aus personellen Gründen nicht in der Lage, so muss diese durch andere Beobachtungsposten ständig kontrolliert werden. Besteht die Gefahr, dass die Hochwasserentlastungsanlagen durch Schwemmgut verstopfen, muss sofort gehandelt werden. Hierzu empfiehlt sich die vorsorgliche Bereitstellung eines Baggers mit Greifarm, der das angeschwemmte Material sofort entfernen kann. Kommt es dennoch zu einer Überflutung des Dammes, kann dies zu erheblichen Gefahren und Schäden am Damm führen. Bei dem katastrophalen Hochwasserereignis in Nordrhein-Westfalen und in Rheinland Pfalz konnte man sehr gut die gravierenden Schäden an der Steinbachtalsperre bei Kirchberg erkennen. Dort waren starke Erosionspuren an der Talseitigen Dammkrone durch Überflutung des Dammes entstanden. Nur durch den massiven Einsatzes des Technischen Hilfswerkes konnte der Wasserspiegel soweit gesenkt werden, dass keine akute Gefahr mehr für den Damm bestand.

Neben den großen Talsperrenbauwerken kommen in Deutschland auch Regenrückhaltebecken zur Retention zum Einsatz, bzw. werden errichtet. Je nach den örtlichen Erfordernissen handelt es sich hierbei ebenfalls um stattliche Bauwerke, die einen nicht unerheblichen Eingriff in den Naturhaushalt darstellen. Im Gegensatz zu einer Talsperre führen diese Retentionsanlagen aber nur bei Bedarf Wasser und in der Regel nur nach Starkregenfällen oder nach der Schneeschmelze. Regenrückhaltebecken und Hochwasserrückhaltebecken können ganz unterschiedlicher Bauart sein. Regenrückhaltebecken bestehen zumeist aus einem künstlich angelegten Becken ähnlich einem Teich. Die Retentionsanlage kann aus Beton oder aus Erdmaterial bestehen. Das anfallende Niederschlagswasser wird hier zuerst einmal zwischengespeichert. Dadurch verlangsamt sich zudem die Fließgeschwindigkeit und durch einen regulierten Ablauf wird das anfallende Wasser kontrolliert, langsam wieder abgegeben. Plötzliche Überflutungen werden hierdurch verhindert oder zumindest abgemildert. Man geht davon aus, dass die Regenrückhaltebecken mit einem Nutzvolumen von 150 bis 250 Kubikmeter je angeschlossenen Hektar befestigter Fläche ausgelegt sind (vergleiche hierzu: Wikipedia-Internetenzyklopädie).

Bild 58 und 59: *Das Warnetal-Regenrückhaltebecken von der Abflussseite aus betrachtet (links) und von der Aufstauseite aus betrachtet (rechts).*

Der Bau- und Betrieb von Talsperren und hierbei im Besonderen der Bau von Hochwasserschutzeinrichtungen unterliegen einer immer wiederkehrenden Diskussion zur Wirtschaftlichkeit der Systeme. Martin Gocht (2013, S. 87) schreibt hierzu in seiner Dissertation:

»Hochwasserschutz stellt als Maßnahme der Daseinsvorsorge ein öffentliches Gut dar: den Schutz gegen schädliche Einwirkungen extremer Abflüsse. Öffentlich ist dieses Gut, da niemand von seiner Nutzung ausgeschlossen werden kann und

Rivalitäten bei der Nutzung des Schutzes nicht auftreten. Die Bereitstellung öffentlicher Güter ist die Aufgabe des Bundes, der Länder und der Kommunen«.

Neben den zumeist im urbanen Bereich vorhandenen Regenrückhaltebecken, gibt es auch sehr große Anlagen. Im Folgenden sei hier beispielhaft das Warnetal-Regenrückhaltebecken in Niedersachsen im Landkreis Goslar vorgestellt. Diese Retentionsanlage ist aus einem ehemaligen Teich entstanden und dient ausschließlich dem Hochwasserschutz.

Bild 60:   *Ein Regenrückhaltebecken welches nach einem Starkregenereignis im Jahr 2017 überläuft*

In den Mittelgebirgen kann es mitunter auch Stollenbauwerke geben, die der Ableitung von Hochwässern dienen. So ist zum Beispiel in der Stadt Goslar geplant, nachdem es im Jahr 2017 Millionenschäden durch Starkregenereignisse gegeben hat, einen Hochwasserentlastungstunnel mit einem Durchmesser von 4 m unter der historischen Altstadt hindurch zu bauen. Auch Trinkwasserverbundsysteme, wie zum Beispiel im Harz, nutzen Stollen zur Trinkwasserweiterleitung. Diese Stollen können zudem auch zur Ableitung von Hochwasserspitzen genutzt werden. Als Beispiel seien hier der Radaustollen zwischen Bad Harzburg und Goslar oder der Oker Granestollen zwischen Goslar und Langelsheim genannt.

Bild 61 und 62: *Einlaufbauwerk eines Entlastungsstollens in einem Talsperrenverbundes; hier der Oker-Radaustollen im Harz (links). Auslaufbauwerkes eines Entlastungsstollens im Talsperrenverbund; hier der Granestollen im Harz (rechts)*

Zum baulichen Hochwasserschutz zählen weiterhin sämtliche Maßnahmen, welche in den Städten, die regelmäßig von Hochwasser bedroht sind, getroffen werden. Da es sich hierbei um eine Fülle von unterschiedlichen baulichen Maßnahmen handelt, können hier nur einige wenige Lösungen vorgestellt werden.

In den Städten und Ortschaften, die regelmäßig von Hochwasserereignissen-heimgesucht werden, und dort, wo es ausreichende Vorwarnzeiten für eintreffende Hochwässer gibt, werden bauliche Hochwasserschutzanlagen schon seit Jahren verwendet. In der Regel handelt es sich hierbei um Spundwände, die in vorgefertigte Aufnahmen eingesteckt werden. Die Spundwandteile sind mit Dichtelementen aus-gestattet, die sich beim Zusammensetzen gegenseitig abdichten. Weitverbreitet sind solche Anlagen entlang der Elbe und am Rhein sowie an den weiteren großen Flüssen in Deutschland. Je nach Art des Sicherungssystems gibt es neben den Spundwänden auch große Deichbauwerke mit Fluttoren und weiteren Schutzanlagen.

Jede Grundeigentümerin und jeder Grundeigentümer ist gut beraten, sollte sein oder ihr Grundstück in einem hochwassergefährdeten Landesteil liegen, selbst für einen gewissen Hochwasserschutz zu sorgen. Hierzu gehören in erster Linie Siche-rungssysteme, die ein Eindringen von Wasser aus der Schmutz- und Regenwasser-kanalisation verhindern. Wichtigstes Bauteil hierbei ist eine Rückstausicherung in der häuslichen Kanalisation. Es gibt diese Rückstausicherungen (Rückstauverschluss) als automatische oder auch als manuelle Sicherungssysteme. Allerdings können Fest-stoffe usw. diese Anlagen auch in ihrer Funktion beeinträchtigen und deshalb sollte, insbesondere bei automatischen Anlagen, hier ein besonderer Augenmerk darauf gelegt werden.

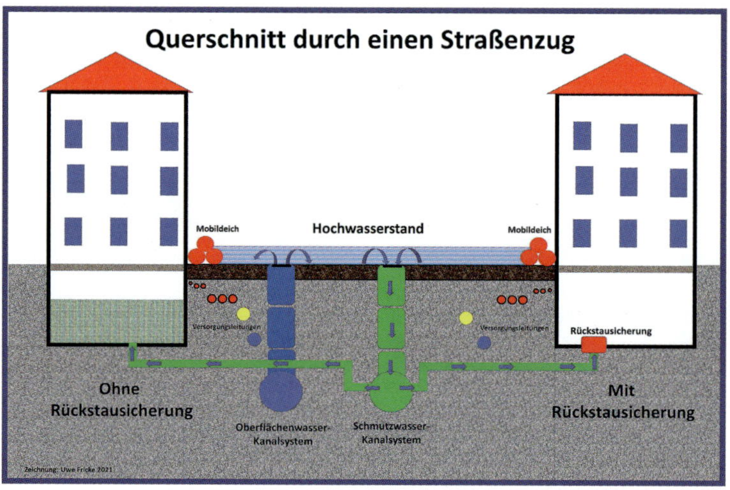

Bild 63:   *Hochwassergefahren*

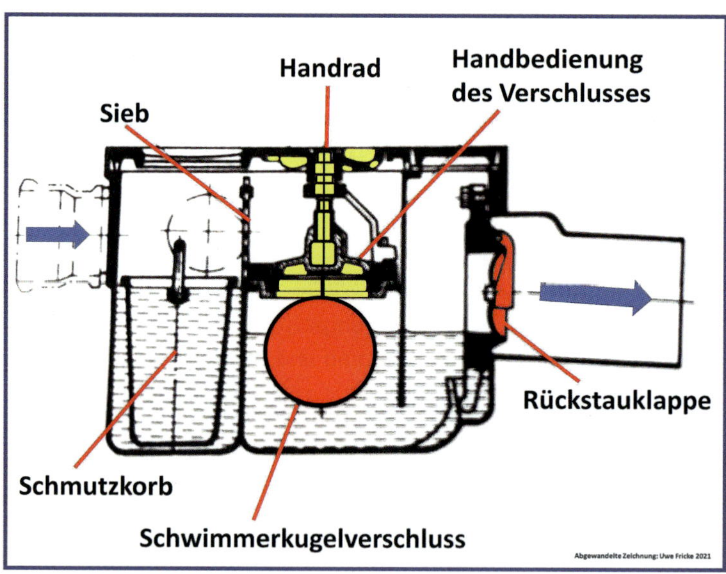

Bild 64:   *Schnittzeichnung eines Rückstauverschlusses (Zeichnungsgrund-
lage: GASSNER, A. & APPOLD, H. 1977: S. 48)*

Was versteht man unter dem Begriff »Rückstau«? Das zurückdrücken von Abwasser aus dem öffentlichen Kanalnetz (zumeist in öffentlicher Hand) in die an das Kanalnetz angeschlossenen Hausanschlussleitungen werden als Rückstau bezeichnet. Ein Rückstau kann durch Rohrleitungsverstopfungen (Kanaleinbrüchen), Pumpenausfall (Abwasserhebewerke) und durch Hochwasser geschehen. Oftmals tritt bei Hochwasser- oder Starkregenereignissen Tageswasser als Fremdwasserbelastung in das Schmutzwasserkanalnetz ein und gelangt so über die Hausanschlussleitungen in die angeschlossenen Gebäude, sofern dies nicht durch eine Rückstausicherung verhindert wird. Ein Rückstau im öffentlichen Kanalnetz ist jederzeit möglich. Öffentliche Kanalnetze werden zudem so geplant und gebaut, dass sie nur bis zu bestimmten Größen von Regenereignissen einwandfrei funktionieren. Dies hat technische, aber auch Kostengründe. Für stärkere Regenereignisse wird ein Versagen des Systems ganz bewusst hingenommen. Dies entspricht dem Stand der Technik und ist auch sinnvoll, da den privaten Anschlussnehmern dafür technische Möglichkeiten zur Verfügung stehen, sich gegen solche Rückstauereignisse zu schützen. Maßgebend für die weiteren Rechtsgrundlagen sind dann immer die Entwässerungssatzungen der jeweiligen kommunalen Gebietskörperschaft bzw. des Versorgungsträgers (vgl. Abt 2017: S. 1). Gesichert werden müssen alle Gebäudeteile, die unter der sogenannten Rückstauebene liegen. Unter der Rückstauebene versteht man immer die Höhe, bis zu der das Abwasser aus dem öffentlichen Kanalnetz bei einem planmäßigen und einem unplanmäßigem Betriebszustand ansteigen kann. Im Regelfall liegt die Rückstauebene immer auf der Höhe der Straßenoberkante oberhalb des Kanalsystems (vgl. Abt 2017: S. 1).

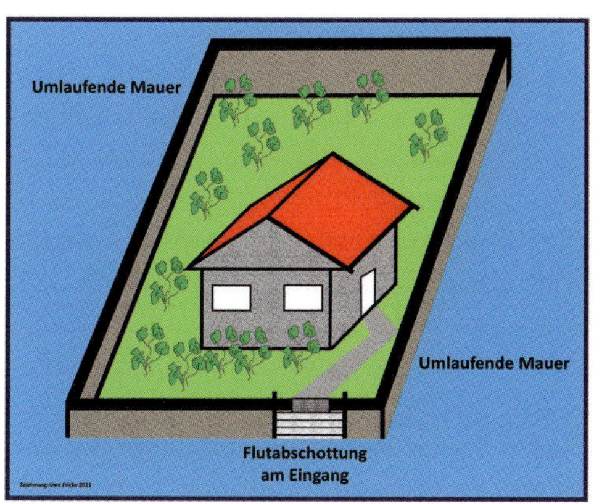

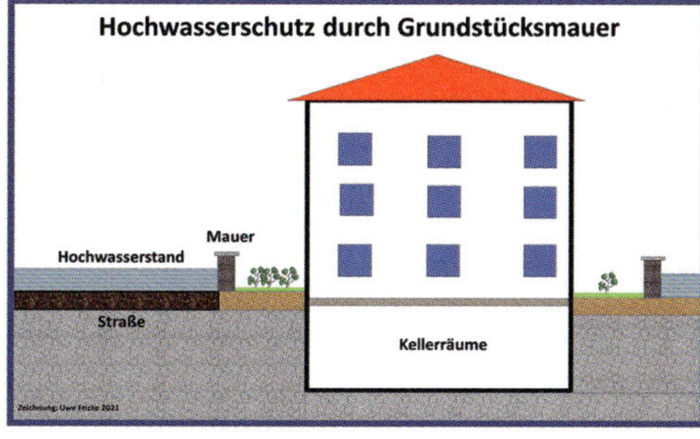

Bild 65 und 66:   *Baulicher Grundstücksschutz durch umlaufende Mauern: Darstellung von oben (links), Ansicht im Querschnitt (rechts).*

Weitere bauliche Maßnahmen können vielfältiger Natur sein. So eignen sich Grundstücksmauern, sofern sie halbwegs wasserundurchlässig sind, ebenfalls gut, um bei Starkregenereignissen, zumindest für eine kurze Zeit, eine Überflutung der Grundstücke und Häuser zu verhindern. Allerdings muss hierbei beachtet werden, dass die Zugänge bzw. die Öffnungen in den Mauern dann mittels vorbereiteter Sperrmechanismen (Flutabschottungen) auch verschließbar sind. Oftmals reichen hier einfache Konstruktionen bestehend aus U-Eisenprofilen und Holzbohlen aus.

Für die Gebäudesicherung gibt es ebenso sehr vielfältige Möglichkeiten, neben den bereits erwähnten Mauern und Spundwänden finden zum Hochwasserschutz speziell gefertigte und abgedichtete Hochwasserschutztüren und Hochwasserschutzfenster Verwendung. Sämtliche Bemühungen im Hinblick auf den baulichen Hochwasserschutz müssen allerdings auch in planerischer Hinsicht bei der Erstellung der Bauleitplanung mit berücksichtigt werden. Gerade bei der Ausweisung neuer Baugebiete in den kommunalen Gebietskörperschaften werden immer wieder potenzielle Überschwemmungsgebiete als Bauland ausgewiesen. Versäumnisse in diesem Bereich des Hochwasserschutzes können später jedoch zu erheblichen Problemen führen.

Der Hochwasserschutz hat in den Bundesländern nach wie vor eine hohe Priorität. In mehreren Ländern gibt es dazu auch Förderprogramme für die Kommunen. Dennoch erfolgen zumeist die Planungen sehr schleppend, denn allzu oft rückt ein Hochwasserereignis schnell wieder in die Vergessenheit und es wird sorglos weiter ohne Rücksicht auf den Hochwasserschutz geplant. Hinzu kommt, dass die Planungsphasen in den Planfeststellungsverfahren sehr lang sind und viele Träger öffentlicher Belange, Fachbehörden und Naturschutzverbände in den Planungsverfahren angehört werden müssen. Nicht immer gelingt es, hierbei alle Interessen unter einem Hut zu vereinen und so können langjährige Klageverfahren so manche geplante Hochwasserschutzmaßnahme in der Umsetzung für viele Jahre hinauszögern. Zumeist müssen in diesen Planfeststellungsverfahren vor allem für den wasserrechtlichen Teil und dem naturschutzrechtlichen Teil erhebliche Zusatzarbeiten, wie z. B. die Erstellung von Gutachten und die Durchführung von Monitoringprojekten geleistet werden. Dies alles kostet sehr viel Zeit, insbesondere wenn, wie häufiger gemeldet wird, die Antragsunterlagen unvollständig oder fehlerhaft, manchmal auch widersprüchlich sind, wenn sie von den Planern bei den zuständigen Genehmigungsbehörden eingereicht werden (vgl. Gebauer 2020).

Obwohl es in der Vergangenheit in allen Regionen Deutschlands immer wieder schwere Hochwasserereignisse gegeben hat, geraten solche Szenarien nach einigen Jahren, sofern keine erneuten Hochwässer hinzukommen, schnell in Vergessenheit. Da der Hochwasserschutz auch immer mit erheblichen finanziellen Aufwendungen einhergeht, werden häufig notwendige Schutzmaßnahmen verdrängt und über Jahre immer wieder verschoben. Nach Jahrzehnten ohne besondere Hochwasserereignisse rücken dann bei einem erneuten Hochwasser alle geplanten und nicht umgesetzten Maßnahmen schmerzlich wieder in den Fokus der Bevölkerung, der Verwaltungen und der zuständigen politischen Ebenen.

Viele deutsche Städte haben sich an Flüssen und Bachläufen angesiedelt. Kommt es zu Hochwasserereignissen, so sind die betroffenen Regionen oftmals durch die Hauptflüsse, aber auch durch die Nebenflüsse bedroht. Ein großer Teil der Städte, die an größeren Flüssen liegen, sind normale Hochwasserereignisse gewöhnt. So sind zum Beispiel für die Stadt Dresden, die unmittelbar an der Elbe liegt, Wasserstände zwischen vier und fünf Metern für die städtische Bebauung so gut wie ohne Folgen. Erst Wasserstände oberhalb von sieben Metern gefährden dann erste Stadtteile (vgl. Wikipedia: Hochwasserschutz in Dresden 2021).

In vielen Regionen ist der Hochwasserschutz kein »Kind der Neuzeit«, so geht der Schutz vor Hochwasser am Beispiel der Stadt Dresden schon auf das Jahr 1216 zurück. Schon damals wurde darauf geachtet, die Dörfer nur auf erhöhtem Territorium zu errichten. Dazu wurden natürliche topografische, aber auch künstliche Gegebenheiten ausgenutzt (Vgl. Wikipedia: Hochwasserschutz in Dresden 2021). Auch in den Küstenregionen wird schon seit Jahrhunderten ein intensiver Hochwasserschutz realisiert. Umfangreiche Deichbauten schützen die an den Meeren gelegenen Städte und Dörfer vor Sturmfluten. Der klimatisch bedingte Anstieg der Jahresdurchschnittstemperatur wird aber diesen Regionen in der Zukunft noch sehr viel in Sachen Hochwasserschutz abverlangen. Enorme Investitionskosten werden zudem die Folge von diesen verstärkenden Maßnahmen des Hochwasserschutzes sein.

Im Städtebau ist ebenfalls der Bau von Retentionsanlagen eine gebräuchliche Methode. Hierbei werden große Sammler für das bei einem Niederschlagsereignis anfallende Tageswasser zumeist in Form von kleineren Regenrückhaltebecken im urbanen Bereich gebaut. Diese Rückhaltebecken nehmen zuerst einmal das anfallende Tageswasser auf und speichern es in einem je nach Bedarf ermittelten großen Speicherbecken, das auch als Retentionszisterne bezeichnet wird. Über einen verengten Ablaufquerschnitt wird anschließend das gespeicherte Wasser sukzessive wieder abgegeben, so dass die abführende Tageswasserkanalisation die Wassermengen problemlos abführen kann. In Deutschland sind Regenrückhaltebecken mit einem Speichervolumen von zumeist 2 bis 40 m³ Nutzvolumen je Hektar der angeschlossenen Fläche üblich. Es werden hierbei nur die befestigten Flächen zugrunde gelegt

Bild 67:   *Einlaufbauwerk mit Ölabscheiderfunktion am Rand eines Regen-
rückhaltebeckens in einem Gewerbegebiet*

Für die Feuerwehren empfiehlt sich hierbei, die Lage solcher Regenrückhaltebecken in den Einsatzunterlagen zu vermerken und im Bedarfsfall bei Starkregenniederschlägen auf ihre Einsatztauglichkeit hin zu überprüfen. Manchmal verstopfen die Ablaufbauwerke. Wenn man Glück hat, kann man die Verstopfung mit einfachen Mitteln beseitigen und somit ein weiteres Hochwasserereignis bereits im Vorfeld unterbinden. Dies bedeutet aber auch, dass eine ausführliche Einsatzplanung dem Geschehen voraus gegangen ist.

Retentionsanlagen werden häufig unterirdisch angelegt. Diese recht kostspielige Bauform erfolgt in der Regel nur in städtischen Bereichen, wo keine Möglichkeiten für den Bau herkömmlicher Regenrückhaltebecken bestehen. Hierbei werden speziell angefertigte Kunststoffbauteile in einer Baugrube installiert und in das Tageswasser-Kanalsystem integriert. Verwendung finden auch u. a. groß dimensionierte Rohrleitungen oder Tanks. Das System ist im Prinzip aber dasselbe wie bei einem Regenrückhaltebecken. Das anfallende Wasser wird aufgestaut und anschließend kontinuierlich wieder abgegeben. Für die Feuerwehren stellen diese Speicheranlagen in der Regel keine Probleme dar, sie sind auch nicht so ohne weiteres zugänglich. Es gibt aber auch sehr große Anlagen, die man über Zugangsschächte begehen kann. Insbesondere in Großstädten findet man solche Retentionsanlagen.

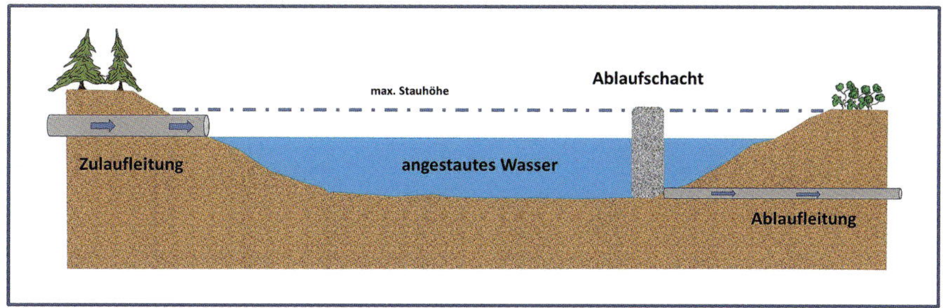

Bild 68:   *Schematischer Schnitt durch ein einfaches Regenrückhaltebecken*

Durch ihre spezielle Bauform besitzen die Kunststoffblöcke eine hohe Traglast und sie sind somit gut geeignet, unter stark belasteten Verkehrsflächen, wie man sie häufig in Innenstädten oder auf Parkplätzen von Einkaufszentren antrifft, eingebaut zu werden. Die eingebauten Rigolenkörper werden dabei in der Regel mit einer starken Kunststoffbahn umgeben und eingeschweißt. Über Inspektionskanäle werden später diese Anlagen überprüft. Zudem kann man sie auch mit speziellen Kameras befahren.

Bild 69 und 70:   *Kunststoffblöcke mit entsprechenden Hohlräumen werden zu einem zusammengehörigen Speicherbecken vereint (links). Die zuvor in einer Baugrube versenkten Speicherblöcke werden nach dem Zusammenfügen mittels spezieller Kunststoffbahnen abgedichtet und später überbaut. Wie hier am Beispiel eines Bahnhofsvorplatzes in der Innenstadt von Goslar (rechts)*

Historische Betrachtung von Hochwasserereignissen

Zur Standardaufgabe einer jeden Feuerwehrführungskraft gehört es, sich über einsatztaktische Möglichkeiten in seinem zuständigen Einsatzgebiet zu informieren. Hierbei besitzt die Einsatzplanung einen hohen Stellenwert. In der Regel kann man durch eine gute Einsatzplanung und den sich daraus resultierenden Einsatzmaßnahmen viele Einsatzszenarien deutlich entspannter abarbeiten.

Üblicherweise gibt es bei den oberen und unteren Wasserbehörden sowie bei Ingenieurbüros, die sich auf Hochwasserschutzmaßnahmen spezialisiert haben, viele Informationen zu vergangenen Hochwasserereignissen. Oftmals ist es auch sinnvoll, in älteren Einsatzunterlagen nachzuschauen, zumeist finden sich hier hilfreiche Angaben und daraus resultierende Rückschlüsse, die man in die neue, eigene Einsatzplanung mit aufnehmen kann. Man sollte sich auch nicht scheuen, Anwohnerinnen und Anwohner und z. B. auch ältere Einsatzkräfte zu befragen, da man unter Umständen wertvolle Hinweise erhält. Getreu nach dem Motto »Vor die Lage kommen«.

Tabelle 12: *Exemplarische historische Hochwasserereignisse der Stadt Dresden (vgl. Lange 2019: S. 3)*

Jahr	Beschreibung des Ereignisses	Pegelstand
1342	Magdalenen-Hochwasser, neben der Elbe waren auch Rhein, Main, Donau, Weser und deren Nebenflüsse betroffen	k. A.
1501	Pegelstand in Dresden im August über 8 m	8,57 m
1655	Frühjahrshochwasser; Tauwetter nach 15 Wochen Dauerfrost	8,40 m
1784	Pegelstand in Dresden erneut über 8 m	8,57 m
1799	Hochwasser mit Beschädigung der Elbbrücke	k. A.
1845	»Sächsische Sintflut«; höchster Pegelstand im 19. Jahrhundert. Treibgut brachte einen Pfeiler der Augustusbrücke zum Einsturz	8,77 m
1890	Pegelstand wieder über 8 m	8,37 m
1940	Höchster Pegelstand im 20. Jahrhundert am 17. März 1940	7,78 m
2002	Pegelstand über der 8 m Marke und bislang höchster gemessener Pegelstand	9,40 m
2006	Pegelstand über der 7 m Marke	7,49 m

Für Hochwasserschutzmaßnahmen werden in der Regel folgende Kriterien für die Priorisierung der jeweiligen Maßnahmen zugrunde gelegt (vgl. Lange 2019: S. 7):

- Schadenpotenzial,
- Vulnerabilität (Verletzlichkeit von Leib und Leben, Verteidigbarkeit, Folgegefahren),
- Nutzen-Kosten-Verhältnis und
- wasserwirtschaftliche Effekte (Retention bzw. Hochwasserabfluss)

Macht man sich einmal die Mühe und vergleicht ältere Hochwasserereignisse mit den jüngeren Geschehen, so wird man oft feststellen, dass sich die Auswirkungen und die örtlichen Problemzonen wiederholen. Zumeist suchen sich die Flüsse und Bäche immer wieder die gleichen Abflusswege, die sich an der örtlichen Topografie orientieren. Nicht selten finden regulierte Flüsse und Bäche ihre alten Abflussbetten wieder und kehren mit massiver Gewalt dorthin zurück. Für die taktisch-operative Einsatzplanung ergeben sich hierdurch aber auch Möglichkeiten, bestimmte Szenarien vorherzusehen und ggf. frühzeitig entsprechende Maßnahmen einzuleiten.

Bild 71 und 72:   *Hochwasser am 6. Juni 1959 (links): Im Jahr 2017 floss an derselben Stelle ebenfalls das Wasser bis zu 20 cm hoch über die Straßen. Die Wassermassen suchten sich denselben Weg durch die Stadt. Man hatte hier leider keine baulichen Maßnahmen aus den Erfahrungen der Vergangenheit in die Neuzeit umgesetzt. Rechts: Überschwemmung nach Wolkenbruch (Bilder: Archiv Bad Harzburg Stiftung)*

Einsatzkräften, die für die taktische und operative Einsatzvorbereitung in ihrem Zuständigkeitsbereich verantwortlich sind, bleibt zu empfehlen, sich anhand von historischen Aufzeichnungen und Aufnahmen intensiv mit den Abflusswegen damaliger Hochwasserereignisse auseinanderzusetzen und etwaige Planungen darauf abzustimmen. Oftmals kann man hierdurch wertvolle Erkenntnisse erhalten, die wiederum in zukunftsfähige taktische Maßnahmen einfließen können.

Bild 73: *Hochwasser nach Schneeschmelze am 19. Dezember 1965. Mitarbeiter einer Baufirma sichern an der Mathildenhütte bei Bad Harzburg im Landkreis Goslar (Niedersachsen) die Bahnstrecke nach Vienenburg. Man beachte die Fahrzeugtrümmerteile unter der Brückenkonstruktion (Bilder: Archiv Bad Harzburg Stiftung)*

Auch im Ahrtal hat man jüngst festgestellt, dass es im 19. Jahrhundert schon annähernd ähnliche Überflutungen an denselben Örtlichkeiten wie im Jahr 2021 gegeben hat. Leider hat man aber nicht aus der Vergangenheit heraus seine Lehren gezogen. Solche Beispiele wird es noch zu Hauf in Deutschland geben.

Merke:

Abschließend bleibt festzustellen, versagt der planerische und der bauliche Hochwasserschutz, bleibt nur mehr der abwehrende Hochwasserschutz übrig, um das Leben von Menschen und Tieren zu schützen und gravierende Umweltschäden und Schäden an der Bebauung sowie an der Infrastruktur möglichst gering zu halten. Allerdings kann der abwehrende Hochwasserschutz auch keine Wunder vollbringen!

11 Hochwasserentlastungstunnel »Modell Stadt Goslar«

Das Hochwasserereignis im Juli 2017 bescherte den niedersächsischen Städten Goslar und Bad Harzburg im Harz Schäden in Höhe mehrerer Millionen Euro. Nach deren Beseitigung begannen umfangreiche Planungen in städtebaulicher Sicht, damit sich bei zukünftig zu erwartenden Hochwasser- bzw. Starkregenereignissen solche Schadenbilder nicht wiederholen (vgl. Fricke 2018: S. 210 ff, 2020: S. 901 ff u. 2021: S. 13 ff).

Neben den üblichen Maßnahmen, wie der Ertüchtigung der Brückenbauwerke, der Vergrößerung der Abflussprofile usw., wurden auch Maßnahmen einer zukünftigen Ableitung der Hochwasserströme untersucht. Hierbei wurde der Plan entwickelt, durch einen ca. 3 bis 4 m durchmessenden und ca. 2,5 km langen Hochwasserentlastungstunnel, der in bergmännischer Arbeit aufzufahren wäre, die Wassermassen unter dem Altstadtbereich, der zugleich den Status eines Welterbes besitzt, abzuleiten. Der geplante Tunnel soll bis zu 20 m³/s an Wasser abführen können. Die bisherigen Planungen haben ergeben, dass sich solch ein Tunnelbau bereits nach zwei Hochwasserereignissen (wie 2017) amortisieren würde. Auch in anderen Regionen, die bereits dramatische Erfahrungen mit katastrophalen Hochwasserereignissen machen mussten, wurden bereits Hochwasserentlastungstunnel gebaut (vgl. Stadt Goslar 2020).

Schwachstellen solcher Bauwerke sind in der Regel immer die Mundlöcher der Entlastungsstollen. Hier bedarf es guter und stabiler Rechenanlagen, damit Schwemmgut aufgefangen wird. Die Rechen sollten zudem gut mit Baumaschinen, wie z. B. Bagger, erreichbar sein, damit im Falle einer Hochwasserlage das angeschwemmte Treibgut, welches zu Verklausungen führen würde, maschinell entfernt werden kann. Bildet sich erst einmal eine Verklausung mitten im Entlastungstunnel, so würde dieser in kürzester Zeit verstopfen und wirkungslos werden oder sogar eine zusätzliche Gefahrensituation herbeiführen. In der Einsatzplanung der zuständigen örtlichen Krisenstäbe müssen auch diese Gefahren mit einkalkuliert werden und ggf. bereits im Vorfeld entsprechende Maßnahmen eingeleitet werden, damit solche Szenarien nicht eintreffen.

Alle diese Maßnahmen sind allerdings nur eine symptomatische Behandlung der Ereignisse. Die ursächlichen Gründe für Hochwasserkatastrophen liegen zumeist am menschengemachten Klimawandel und dem Ignorieren von hochwassergefährdeten Bereichen bei der Bauleitplanung im urbanen Bereich. Es ist immer wieder bei solchen

Hochwasserereignissen zu beobachten, dass sich die Gewässer ihre alten angestammten Ablaufbereiche zurück erobern. Nur wenn sich bei Starkregenereignissen oder anderweitigen Hochwasserlagen die Wassermassen ausbreiten können, also genügend Raum zur Entfaltung haben, werden katastrophale Schäden verringert werden können. Jede aufgestockte Mauer im Oberlauf eines Flusses führt oftmals im darunter liegenden Abschnitt zu einer Erhöhung des Wasserstandpegels.

Auf den Seiten des Ministeriums für Wissenschaft, Energie, Klimaschutz und Umwelt des Landes Sachsen-Anhalt finden sich hier zum Beispiel Hinweise aus der Europäischen Hochwasserrisikomanagement-Richtlinie (HWRM-RL).

»Unter dem Titel ›Mehr Raum für unsere Flüsse‹ soll unseren Flüssen mehr Raum gegeben und zusätzliche Retentionsflächen geschaffen werden. Dazu wurden in den vergangenen Jahren Standorte für Deichrückverlegungen und Flutungspolder durch den Landesbetrieb für Hochwasserschutz identifiziert und vertiefend untersucht. Die Ergebnisse wurden weiterführend gewertet und gewichtet. Herausgekommen sind 33 potentielle Maßnahmenstandorte für Deichrückverlegungen und Flutungspolder, mit denen insgesamt 16.000 ha Retentionsraum an unseren Flüssen wiedergewonnen werden können (Stand Mai 2020). Die Umsetzung wird Jahrzehnte in Anspruch nehmen.« (Sachsen-Anhalt 2021).

In der Broschüre des Bundesministeriums für Umwelt, Naturschutz, Bau- und Reaktorsicherheit »Den Flüssen mehr Raum geben« ist nachzulesen:

»Für die Entwicklung der Fließgewässer haben sich in den letzten 15 Jahren wesentliche politische, gesetzliche und gesellschaftliche Rahmenbedingungen grundlegend geändert. Hierzu hat seit dem Jahr 2000 insbesondere die Wasserrahmenrichtlinie der Europäischen Gemeinschaft (EG-Wasserrahmenrichtlinie) beigetragen. Mit dieser Richtlinie ging eine Neuausrichtung im Gewässerschutz einher. Früher stand die Wasserqualität im Mittelpunkt. Heute geht der Blick weiter: auf die Gewässer als Ganzes, als Lebensraum für Tiere und Pflanzen, auf die Ufer und seine Strukturen, die Auen, die Durchgängigkeit für die Fauna und die Intensität der verschiedenen Nutzungen der Gewässerlandschaften. Das Bundesumweltministerium hat 2009 zusammen mit dem Bundesamt für Naturschutz einen Auenzustandsbericht vorgestellt und damit den Verlust von Überschwemmungsflächen und den Zustand der Flussauen in Deutschland dokumentiert. Im Ergebnis ist festzustellen, dass nur noch rund ein Drittel der ehemaligen Überschwemmungsflächen von Flüssen bei großen Hochwasserereignissen überflutet werden können. An den Strömen Rhein, Elbe, Donau und Oder sind an vielen Abschnitten gerade noch

zehn bis 20 Prozent der ehemaligen Auen für Überflutungen erreichbar« (BMUB 2015 S: 5).

Anhand der vorgenannten Publikationen ist zu sehen, dass mittlerweile ein Umdenkprozess eingesetzt hat. Bis sich dieser allerdings bis zu den kommunalen Gebietskörperschaften durchgesetzt hat und die entsprechenden Maßnahmen umgesetzt sind, werden noch viele Jahrzehnte vergehen, obwohl die Erlasse dazu schon längst vorhanden sind. Es liegt hier aber an den herrschenden Vollzugsdefiziten. Aus diesem Grund heraus müssen die Feuerwehren, die Hilfsorganisationen und die Krisenstäbe immer wieder mit katastrophalen Hochwasserereignissen rechnen und sich einsatztaktisch darauf vorbereiten. Den politischen Gremien und den Medien obliegt es hierbei, die Bevölkerung immer wieder auf die drohenden Gefahren hinzuweisen und sie im Umgang mit diesen Situationen zu sensibilisieren.

Hier ein Beispiel für eine Sicherung eines Überschwemmungsgebietes:

»Goslar – Nach umfangreichen Messungen und Berechnungen hat der NLWKN (Niedersächsischer Landesbetrieb für Wasserwirtschaft, Küsten- und Naturschutz) die neuen Überschwemmungsgebiete der Radau auf dem Gebiet der Stadt Bad Harzburg im Landkreis Goslar und im Ortsteil Vienenburg der Stadt Goslar ermittelt und vorläufig gesichert. Die endgültige Sicherung der Überschwemmungsgebiete erfolgt durch ein förmliches Verfahren mit Öffentlichkeitsbeteiligung, das der Landkreis Goslar in eigener Regie durchführen wird« (NLWKN 2021).

12 Abwehrender Hochwasserschutz »Sandsackeinsatz«

Der abwehrende Hochwasserschutz besteht in der Regel aus zwei unterschiedlichen Systemen. Zum einen gibt es die ortsgebundenen Systeme und zum anderen die ortsungebundenen Systeme. Die ortsgebundenen Hochwasserschutzsysteme werden zumeist dort eingesetzt, wo die Einsatzkräfte eine genügend lange Vorlaufzeit bis zum Eintreffen des Hochwasserereignisses haben. Dies ist meist der Fall an den großen Flusssystemen, wie z. B. Rhein, Mosel, Elbe, Donau und Oder usw. Bei Hochwasserereignissen in den Mittel- und Hochgebirgsregionen haben die Einsatzkräfte zumeist nur eine sehr kurze Vorwarnzeit, diese liegt oftmals nur bei ein bis zwei Stunden oder sogar nur wenigen Minuten. Die ortsgebundenen Hochwasserschutzmaßnahmen werden aber auch manchmal lagebedingt durch ortsungebundene Hochwasserschutzmaßnahmen ergänzt (vgl. Ott/Hofmann/Böger 2018: S. 33).

Sämtliche Hochwasserschutzmaßnahmen, seien es die ortsgebundenen oder vor allem die ortsungebundenen Schutzmaßnahmen bedürfen einer ständigen Überwachung durch die Einsatzkräfte. Oftmals sind es die eher unscheinbaren Gegebenheiten, die zu einem Versagen der Schutzmechanismen führen. Gibt es erst einmal eine Leckage an einer Hochwasserschutzmaßnahme, so ist diese zumeist nur mit einem erhöhten Aufwand wieder abzudichten, ganz abgesehen von einem dabei eventuell eingetretenen Schaden an der Infrastruktur oder an Gebäuden. Beim Einsatz von mobilen und somit ortsungebundenen Hochwasserschutzmaßnahmen ist dem Untergrund an der jeweiligen Einsatzstelle ein besonderes Augenmerk zu schenken. Lockere Böden, Wiesen und ähnliche Untergründe neigen oft dazu, bei Hochwasserereignissen dem Oberflächenwasser einen einfachen Weg zur Überwindung der Schutzmaßnahmen zu gewähren. Sehr eindrucksvoll konnte dies der Autor bei den Hochwassereinsätzen an der Elbe 2002 miterleben, als plötzlich ohne Vorwarnung das Wasser auf den Wiesen von unten her aus dem Erdreich kommend, in wenigen Minuten drastisch anstieg und somit die Hochwasserschutzmaßnahmen an dieser Stelle wirkungslos machten.

Ebenso ist die Tageswasser- und die Schmutzwasserkanalisation besonderes zu überwachen. Schon bei einem lokalen Starkregenereignis sind diese Systeme in der Regel überfordert und das anströmende Oberflächenwasser gelangt somit über die Kanalisationen hinter die Hochwasserschutzmaßnahmen. Hierbei hilft oft nur ein massives Beschweren der Kanalschachtdeckel um somit einen Wasseraustritt nach Möglichkeit zu verhindern oder zumindest zu reduzieren. Die Überwachung der jeweiligen Hochwasserschutzsysteme erfordert zumeist auch einen erhöhten Personalansatz der Einsatzkräfte. Eine gute und umfangreiche Einsatzvorplanung durch die örtlich zuständigen Behörden und Feuerwehren kann hierbei sehr hilfreich sein, so dass man vor größeren Überraschungen besser geschützt ist. In eine entsprechende Einsatzvorplanung müssen auch die jeweiligen Aufbauzeiten für die unterschiedlichen Systeme implementiert werden. Die Unterlagen für diese Einsatzplanungen sollten jederzeit sofort verfügbar sein. Hierfür eignen sich Datensammlungen auf den jeweiligen Einsatzleitfahrzeugen, in den Feuerwachen und Feuerwehrhäusern sowie in den jeweiligen Einsatzstäben. Es versteht sich von selbst, dass diese Einsatzunterlagen auch ständig aktualisiert und fortgeschrieben werden müssen.

Im folgenden Kapitel werden nun zuerst einmal die Möglichkeiten, mit sandgefüllten Systemen einen Hochwasserschutz zu ermöglichen, aufgezeigt. Dies ist die bislang auch am häufigsten eingesetzte ortsungebundene und mobile Möglichkeit, um schnell bei Hochwasserlagen agieren zu können.

12.1 Sandsackabfüllungen – Sandsackabfüllplätze

Eine bedeutende Stellung im Bereich des abwehrenden Hochwasserschutzes nimmt der Einsatz von Sandsäcken ein. Sandsäcke sind ein universelles Hilfsmittel und finden beim Hochwassereinsatz so gut wie immer Verwendung. Die Verfügbarkeit von Sandsäcken ist je nach Region und örtlicher Einsatzplanung sehr unterschiedlich. In vielen Regionen gibt es zentrale Sandsacklager die unter der Aufsicht der Länder oder der Landkreise stehen. Je nachdem welches Risiko in punkto Hochwasserschutz innerhalb einer Gebietskörperschaft vorhanden ist, gibt es ganz unterschiedliche Lager- und Einsatzkonzeptionen.

Sandsäcke lassen sich aufgrund ihres hohen Eigengewichtes nicht ganz unproblematisch transportieren. Zudem stellt die Füllung mit geeignetem Füllmaterial ein weiteres Problem dar, welches im Vorfeld im Rahmen einer umfassenden Einsatzplanung genau organisiert werden sollte. Sandsäcke gibt es in grundsätzlich zweierlei Materialien. Einmal gibt es den Sandsack aus Jutematerial. Dieses Material hat den Vorteil, dass ggf. die Sandsäcke nicht mehr aufgenommen werden müssen, nachdem der Einsatz beendet ist, da die Sandsäcke vor Ort dann allmählich verrotten und keinen nennenswerten Schaden an der Umwelt anrichten. Die zweite Art von Sandsackmaterial besteht aus einem festen Kunststoffgewebe, welches verrottungsfester ist. Der Vorteil bei diesen Säcken ist die bessere Lagerungsmöglichkeit im leeren Zustand. Zudem sind diese Kunststoffsäcke nicht so stark gegen Tierfraß (Mäuse etc.)

gefährdet wie die Jutesäcke. Letztere müssen auch bei der Lagerung vor Feuchtigkeit geschützt werden. Die Sandsäcke gibt es in den Abmessungen 30 x 60 cm und 40 x 60 cm (Vergleiche hierzu: Schmidt 2014: S. 2). Zuerst muss im Rahmen der Einsatzvorplanung ein vorzuhaltendes Kontingent an leeren Sandsäcken durch eine Bedarfsplanung ermittelt werden. Dies geschieht in aller Regel durch Erfahrungswerte aus vorangegangenen Einsatzszenarien.

Die Lagerung von leeren Sandsäcken ist in der Regel unproblematisch, da sie je nach Material, zu Ballen aus 500 Stück von der einschlägigen Industrie geliefert werden. Da die Einlagerung von gefüllten Sandsäcken schnell an die Grenzen der Lagerressourcen stoßen kann, werden die meisten Sandsäcke im leeren Zustand vorgehalten und erst im Bedarfsfall gefüllt. Zudem sind gefüllte Sandsäcke nicht unbegrenzt lagerfähig wie die Erfahrungen aus der Vergangenheit gezeigt haben. Die Lagerfähigkeit von gefüllten Sandsäcken ist abhängig von dem verwendeten Sand. Manche Sandsorten reagieren aggressiv gegenüber dem verwendeten Sandsackmaterial. Es empfiehlt sich, den Sandsackvorrat in Hochwasserfreien Zeiten zu beschaffen, da ansonsten die Preise mitunter stark überhöht sind. Die Sandsäcke sollten nur mit dafür geeignetem Sand gefüllt werden. Keinen Mutterboden verwenden! Zudem sollte der Sand nicht zu feinkörnig beschaffen sein. Es hat sich als Vorteilhaft erwiesen, die Sandsäcke nur zu zwei Dritteln zu füllen. Das Füllen der Sandsäcke kann auf sehr unterschiedliche Weise erfolgen. Je nach verwendeter Technik können hierbei mehr oder weniger Sandsäcke abgefüllt werden.

Die einfachste Methode ist das Füllen von Hand mittels Schaufeln oder einem selbstgebauten Füllrohr aus Kunststoff-Abflussrohren. Als weitere Hilfsmittel kann man zum Beispiel auch an der Spitze abgeschnittene Verkehrsleitkegel verwenden, wenn diese wie ein Trichter eingesetzt werden. Werden die Verkehrsleitkegel zwischen die Sprossen einer Steckleiter oder dergleichen gesteckt, so kann man hier schnell mit wenig Aufwand eine kleine Abfüllstation errichten. Weitere Hilfsmittel sind Schüttbleche und anderweitige Trichter. Bei einigen Feuerwehren finden auch speziell abgeschnittene Kunststoffrohre mit einem Durchmesser von mind. 100 mm Verwendung. Es wurden bereits auch Betonmischer, die mit reinem Sand gefüllt waren, zum Abfüllen verwendet (Vergleiche hierzu: Hamacher/Cimolino 2021).

Zu beachten bleibt allerdings, dass eine Abfüllung per Hand wie mit den zuvor beschriebenen Möglichkeiten immer eine personal- und zeitintensive Lösung ist. Den weitaus größten Durchsatz beim Befüllen von Sandsäcken erreicht man mit Hilfe von Sandsackabfüllmaschinen. Diese speziell für das Befüllen von Sandsäcken konstruierten Maschinen gibt es in unterschiedlichsten Bauarten. Häufig werden solche Maschinen bei den kommunalen Betriebshöfen vorgehalten.

Bild 74:   *Sandsacklagerplatz beim Hochwassereinsatz an der Elbe im Jahr 2002*

Die einfachen Ausführungen werden mittels Kardanantrieben oder hydraulisch mit landwirtschaftlichen Maschinen oder kommunalen Fahrzeugen betrieben. Diese Füllmaschinen sind zumeist wie ein großer Trichter geformt, an dessen unterem Ende die Sandsäcke mittels einer Fülleinrichtung abgefüllt werden können. Der bereits erwähnte Einsatz von Betonmischern kann ebenfalls zu guten Ergebnissen führen. Hierbei wird der Sand aus dem Betonmischer über die Schüttvorrichtung in die Sandsäcke gefüllt. Für eine größere Menge an zu füllenden Sandsäcke dürfte aber auch diese Methode schnell an ihre Grenzen stoßen (Vergleiche hierzu: Schmidt 2014: S. 4).

Größere Füllmaschinen bieten Platz für mehrere Abfüllplätze. Es gibt sie als Maschinen, die einen festen Standort haben und nur mittels weiterer Technik, wie Gabelstapler usw., versetzt werden können, oder als hochmobile Anlagen, die auf einem Abrollbehälter aufgebaut sind. Die letztgenannte Ausführung kann dann im Einsatzfall jederzeit mittels eines Wechselladerfahrzeuges zum jeweiligen Einsatzort transportiert werden. Die mobilen Füllanlagen verfügen in der Regel über einen eigenen Stromerzeuger, so dass sie völlig autark auch in abgelegenen Gegenden eingesetzt werden können.

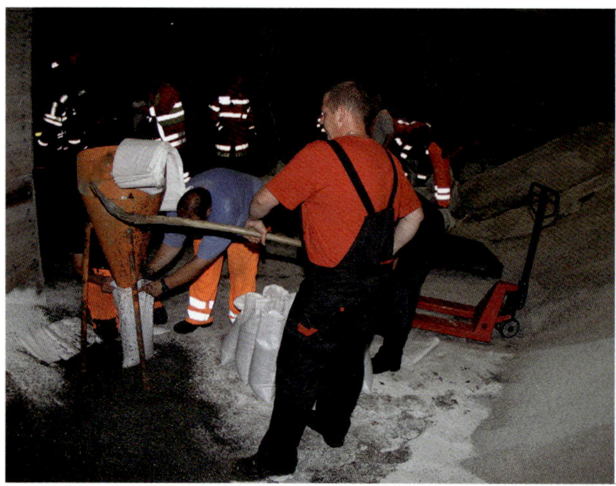

Bild 75 und 76: *Weniger geeignet und nicht sehr produktiv ist das Abfüllen der Sandsäcke von Hand (links). Ausführungen von Sandsackfüllmaschinen sind oftmals bei den kommunalen Betriebshöfen vorzufinden (rechts) (Bild 75: Holger Schlegel, Goslarsche Zeitung, Bild 76: Firma Saquick)*

Bild 77 und 78: *Sandsackfüllmaschine mit zwei Abfüllplätzen für den stationären Einsatz (links). Abfüllmaschine mit vier Abfüllplätzen, gut für den stationären Einsatz geeignet (rechts) (Bilder: Firma Saquick).*

Beim Betrieb der Sandsackfüllmaschinen sind allerdings nachstehende Dinge zu beachten. Die Fülleinrichtung der Maschine darf nicht überfüllt werden. Durch einen zu schweren Sandeintrag kann es zum verklumpen des Sandes kommen, dies passiert sehr schnell, insbesondere wenn feuchter Sand zu schnell und in zu hohen Mengen in den Fülltrichter gekippt wird. Kommt es zu einem Stillstand der Maschine, so empfiehlt es sich, den Fülltrichter zumindest teilweise zu entleeren, da ansonsten schnell der Scherstift der Verteilerschnecke abreist. Die Schärstifte sollten auch nicht mit anderen Materialien ersetzt werden, da es sich hierbei um ein Sicherheitsbauteil handelt. Zu einer guten Einsatzvorbereitung gehört auch die Bevorratung von Ersatzschärstiften und mindestens einer Verteilerschnecke.

Bild 79 und 80:   *Leistungsfähige Sandsackfüllmaschine auf einem Abrollbehälter. Das Befüllen einer Sandsackfüllmaschine erfolgt zumeist mittels Radlader oder Teleskoplader (rechts).*

Das Beschicken der Sandsackfüllmaschinen kann ebenfalls auf sehr unterschiedliche Art- und Weise erfolgen. Eine der gebräuchlichsten Methoden ist der Einsatz eines Radladers oder eines Teleladers. Beim Einsatz von schweren Baumaschinen zum Befüllen der Abfüllmaschinen ist allerdings ein besonderes Augenmerk auf die Verkehrssicherung im Umfeld der Abfüllstation und im Ladebereich erforderlich. Bewährt hat sich hier der Einsatz eines erfahrenen Sicherheitskoordinators (Sicherheitsassistenten), der alleinig nur mit der Aufgabe betraut ist, die Abläufe rund um die Sandsackabfüllanlagen zu beobachten, zu koordinieren und bei Gefahr sofort den Betrieb zu stoppen (vgl. Fricke 2020: S. 907). Damit im Einsatzfall ein reibungsloser und vor allem unfallfreier Betrieb mit den Sandsackabfüllmaschinen gewährleistet ist, empfiehlt es sich, in regelmäßigen Abständen, mindestens einmal im Jahr, den kompletten Ablauf einer Sandsackabfüllung zu üben. Hier hat sich z. B. auch die Aufstellung eines kompletten Hochwasserschutzzuges bewährt, der sich hauptsächlich um die Abfüllung von Sandsäcken kümmert (vgl. Fricke 2020: S. 901-907).

Es ist zu empfehlen, die Sandsäcke nur zu zweidrittel zu befüllen, dadurch bleiben die Sandsäcke flexibler und sind etwas leichter, was den Einsatzkräften zu Gute kommt, die zumeist in mühevoller Handarbeit mittels einer Helferkette die Sandsäcke verbauen müssen. Sind die Sandsäcke gefüllt, so gibt es verschiedene Möglichkeiten diese zu verschließen. Oftmals ist es ausreichend, die Öffnung der gefüllten Sandsäcke einfach umzuschlagen. Dies ist eine effektive und schnelle Lösung, die sich allerdings nur dann eignet, wenn die Sandsäcke nicht abgekippt werden sollen (vgl. hierzu: Schmidt 2014: S.5).

Je nach Ausführung gibt es Sandsäcke mit und ohne Verschlussband. Letzteres ist nur für den Hausgebrauch zu empfehlen, da das Zuknoten der Sandsäcke zu viel Zeit in Anspruch nehmen würde. Eine weitere Lösung ist der Verschluss mittels handelsüblicher Kabelbinder, die allerdings den Nachteil haben, dass sie z. B. beim Einsatz von Jutesäcken nicht so wie die Säcke verrotten, sondern nach dem Einsatz wieder eingesammelt werden müssen. Zudem kann es bei einer massenhaften Abfüllung über einen längeren Zeitraum zu Handverletzungen beim Abfüllpersonal kommen. An den großen mobilen Sandsackabfüllanlagen finden deshalb kardanisch aufgehängte Nähmaschinen Verwendung. Hierbei ist zu empfehlen, dass mindestens ein bis zwei Maschinen immer in Reserve vorgehalten werden, so dass bei einem Ausfall einer Nähmaschine (Fadenriss etc.) schnell eine Ersatzmaschine zu Verfügung steht. Als Rückfallebene sollten auch hier Kabelbinder in ausreichender Stückzahl bereit gelegt werden. Eine weitere Möglichkeit ist die Beschaffung von Sandsäcken mit einem Zugband, welches durch einfaches Ziehen den Sandsack verschließt.

Bild 81: *Die gefüllten Sandsäcke werden mit Hilfe einer Nähmaschine verschlossen*

Befindet sich der Sandsackabfüllplatz außerhalb des urbanen Bereiches, so ist zudem für eine ausreichende Beleuchtung des gesamten Abfüllplatzes Sorge zu tragen. Als Bemessungsgrundlage sollten hier die für Übungsplätze geforderten Lux-Werte dienen, in der Regel dürfte dieses dann bei ca. 200 Lux liegen. Bei größeren Abfüllplätzen müssten hierzu dann Lichtmastanhänger und größere Netzersatzstromerzeuger zum Einsatz kommen. Weiterhin ist dafür Sorge zu tragen, dass die eingesetzten Einsatzkräfte regelmäßig und vor allem rechtzeitig abgelöst werden. In der Vergangenheit hat sich ein rotierendes System bewährt, wobei nach einer zuvor festzulegenden Zeit die Kräfte an der Sandsackabfülleinrichtung z. B. von den reinen Abfüllplätzen zu den Nähplätzen und von dort an die Packplätze und spätestens alle zwei Stunden in eine Ruhephase wechseln. Auch die jeweiligen Sicherheitskoordinatoren und vor allem die Fahrer der Telelader/Radlader sind regelmäßig auszuwechseln, da hier eine enorm große Unfallgefahr besteht, wenn die Kräfte übermüdet sind.

Bild 82:   *Einsatz eines Sicherheitskoordinators*

Tabelle 13: *Sandsackfüllkapazitäten durch Einsatzkräfte bei Handabfüllung (Vergleiche hierzu: Schmidt 2014: S. 5).*

Anzahl der Einsatzkräfte	Ohne Hilfsmittel	Mit einfachen Hilfsmitteln
2 Einsatzkräfte	50 Säcke pro Stunde	100 Säcke pro Stunde
10 Einsatzkräfte	500 Säcke pro Stunde	800 Säcke pro Stunde
50 Einsatzkräfte	2500 Säcke pro Stunde	4000 Säcke pro Stunde

Die Hersteller geben für ihre Maschinen in der Regel nachstehende Füllangaben an. So lautet es dort, dass mit zwei Abfüllöffnungen, die mit einem Schnellöffnungs- und Schnellverschluss-System ausgestattet sind, ein Standardsandsack (30 x 60 cm) in zwei Sekunden, pro Abfüllöffnung abgefüllt werden kann. Dies entspricht ca. 650 Säcken pro Stunde. Somit können 1.300 Sandsäcke pro Stunde mit solch einer Sandsackfüllmaschine gefüllt werden. Dafür werden ca. 19,5 Tonnen Sand benötigt (vgl. hierzu: Saquick GmbH 2021: S 2).

Bild 83:   *Sandbeschickung einer Sandsackfüllmaschine mittels Teleskoplader*

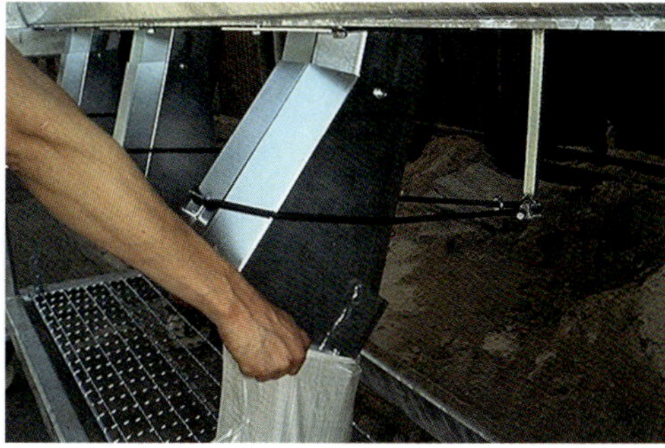

Bild 84 und 85: *Abfüllplatz an einer Sandsackfüllmaschine (links), Detailaufnahme der Abfüllein-*
richtung (rechts).

12.2   Transport der Sandsäcke – Ladungssicherung

Nach dem Abfüllen der Sandsäcke erfolgt zuerst die Zwischenlagerung am Sandsackabfüllplatz und im Anschluss daran der Abtransport zur eigentlichen Einsatzstelle.
Auch hierbei gibt es wesentliche Dinge zu beachten. Es empfiehlt sich, zumindest bei
größeren Stückzahlen, dass die gefüllten Sandsäcke auf Europaletten oder anderen
ebenfalls geeigneten Transportbehältnissen bis zum endgültigen Abtransport gelagert werden. Hierbei sollte eine einheitliche Stückzahl von Sandsäcken auf oder in
den jeweiligen Behältnissen gelagert werden. Dies erleichtert im Anschluss die
Gewichtsermittlung für den Weitertransport. Da der Weitertransport in der Regel
im öffentlichen Verkehrsraum stattfindet, sind hierbei zwingend die allgemein
gültigen Transport- und Verkehrsvorschriften einzuhalten. Ein besonderes Augenmerk ist auf die Ladungssicherung zu legen. Nicht jedes Fahrzeug und nicht jeder
landwirtschaftliche Anhänger ist für den Transport von größeren Mengen an
Sandsäcken geeignet. Neben dem Fahrer oder der Fahrerin eines beladenen Fahrzeuges kommen hierbei auch besondere Pflichten auf den »Belader« hinzu, die es
zwingend zu beachten gilt. An den Abfüllorten sowie bei den Transportkapazitäten
müssen deshalb genügend Materialien zur Ladungssicherung vorgehalten werden.
Dies können u. a. zugelassene Spanngurte und Spannketten sein. Empfehlenswert
sind zudem Kantenschutzmaterialien sowie weitere Hilfsmittel zur Ladungssicherung. In der Regel bieten Fahrschulen hierzu geeignete Fortbildungen im Rahmen der
Aus- und Fortbildung für Kraftfahrer/Kraftfahrerinnen an (Modul: Ladungssicherung). Die korrekte Ladungssicherung und die damit einhergehenden Vorschriften
sollten zudem Bestandteil der Ausbildung »Einsatz im Hochwasserschutz« sein.

Bild 86:   *Lagerung der gefüllten Sandsäcke auf Europaletten. Die linke Palette ist überfüllt und schlecht gepackt. Die rechte Palette ist deutlich besser beladen*

Weiterhin sind die Gewichtsbilanzen zu beachten. Allzu schnell passiert es im Eifer des Einsatzgeschehens, dass Paletten und oder Transportfahrzeuge überladen werden. Neben der dann einhergehenden hohen Unfallgefahr müssen hierbei auch haftungs- und strafrechtliche Aspekte beachtet werden.

Bei der Lagerung der Sandsäcke auf den Paletten (Europalette mit den Abmaßen 120 x 80 cm) ist darauf zu achten, dass die Säcke gleichmäßig darauf verteilt werden. Hierbei hat sich nachstehend beschriebene Lösung bewährt: Die Sandsäcke werden so gelagert, dass pro Lage je zwei Sandsäcke in vier Reihen hintereinander so abgelegt werden, dass der Sand immer an der Außenseite der Palette zum Liegen kommt.

Zur weiteren Fixierung werden anschließend auf diese Lage zwei weitere Sandsäcke quer darüber in die Mitte gelegt. Die nächste Lage Sandsäcke folgt danach in der gleichen Weise. Bei dieser Lagerungsart können bis zu sieben Lagen an Sandsäcken auf einer Palette gelagert werden. Somit können maximal 70 Sandsäcke je Palette transportiert werden. Das Gewicht dieser Ladungseinheit beträgt je nach Beschaffenheit und Feuchtigkeitsgehalt des verwendeten Füllmaterials zwischen 1.200 bis 1.400 kg. Für den Transport dürfen nur einwandfreie Paletten verwendet werden.

Bild 87: *Entnahme der gefüllten Sandsäcke von einer Europalette mittels Helferreihe (Bild: Stefan Schwerdhelm, Feuerwehr Hahndorf).*

Insbesondere bei einer schon bereits länger erfolgten Lagerung von Sandsäcken auf Paletten muss ihr Zustand vor dem Transport kontrolliert werden. Das Gewicht der Paletten darf auf keinen Fall die Traglast der anschließend verwendeten Beladungshilfen (Telelader, Gabelstapler, Radlader etc.) übersteigen. Notfalls müssen weniger Sandsäcke auf den jeweiligen Paletten verlastet werden (vgl. hierzu: Schmidt 2014: S. 6).

Bild 88: *Ein auf einer Mulde (Sonderanfertigung) verlasteter Teleskoplader*

Werden die auf Palette gelagerten Sandsäcke auf ein Transportfahrzeug verladen, so müssen die vorgenannten Bestimmungen beachtet werden. Als Faustformel sind in der nachstehenden Tabelle einige Werte aufgeführt:

Tabelle 14: *Transportgewichte*

Fahrzeugtyp	Paletten Anzahl	Gesamtgewicht Palette mit Sandsäcken
Gerätewagen Logistik Typ 1	1 bis max. 2 Paletten	max. ca. 2.800 kg
Gerätewagen Logistik Typ 2	3 bis max. 4 Paletten	max. ca. 5.600 kg
Pritschenwagen 1 t	1 Palette (< 70 Säcke)	max. ca. 1.000 kg
Pritschenwagen 2,8 t	2 Paletten (< 70 Säcke)	max. ca. 1.500 kg
Lkw 7,49 t	4 Paletten (< 70 Säcke)	max. ca. 3.000 kg
Lkw 16 t	10 Paletten (< 70 Säcke)	max. ca. 8.000 kg

Bei militärischen Lastkraftwagen ist die Ermittlung der zulässigen Ladungsgewichte einfacher zu ermitteln, da deren Bezeichnung 5 t, 7,5 t oder 10 t immer die maximale

Zuladung angibt. Die Paletten sind anschließend gegen verrutschen zu sichern und möglichst formschlüssig auf der jeweiligen Ladefläche zu lagern.

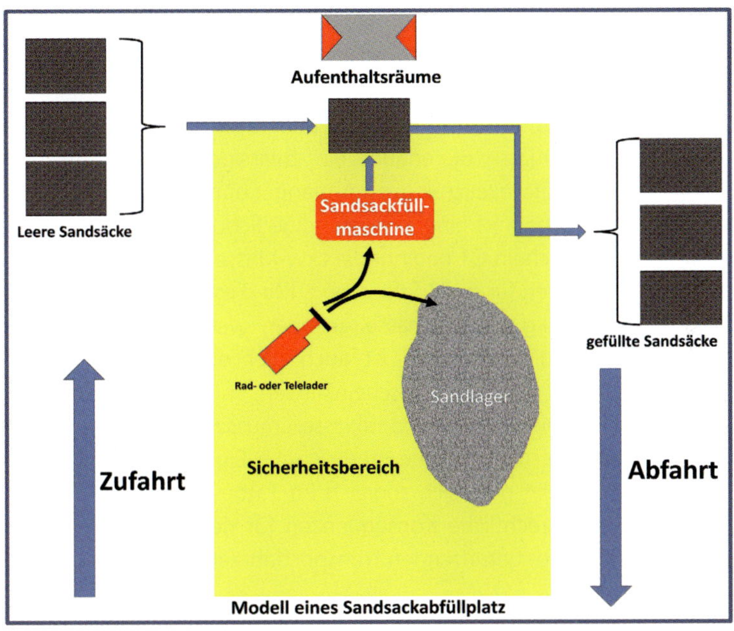

Bild 89:   *Schematische Darstellung eines Sandsackabfüllplatzes*

Beim Transport der Sandsäcke ist zudem unbedingt darauf zu achten, dass die mit den Transportaufgaben beauftragten Einsatzkräfte die entsprechende Fahrerlaubnis besitzen. Sehr schnell gerät man hierbei in den strafrechtlich relevanten Bereich, wenn die Transportkapazitäten zu großzügig ausgeschöpft werden. Auch im Hinblick auf den Transport mit Anhängerfahrzeugen ist unbedingt auf die dafür entsprechende Fahrerlaubnisklasse zu achten. Insbesondere bei jüngeren Einsatzkräften liegen zum Beispiel die Fahrerlaubnisklassen B, C1 oder C vor, nicht aber die eventuell erforderliche Zusatzklasse E für den Betrieb von Anhängerfahrzeugen. Wer z. B. vor 1999 eine Fahrerlaubnis erworben hat, darf ein einzelnes Fahrzeug oder eine Zugmaschine bis 7,5 Tonnen sowie Gespanne mit einer Gesamtmasse bis 18,5 Tonnen fahren. Dies ist allerdings nur unter bestimmten Voraussetzungen erlaubt. Hierfür geben die Schlüsselnummern in der Fahrerlaubnis detailliert Auskunft. Hinter diesen Schlüsselnummern verbergen sich codierte Informationen unter anderem zu

Befugnissen. Die frühere Klasse 3 gilt als Standard-Führerschein und ist heute noch gültig. Der heutige Pkw-Führerschein wird mit der Klasse B bezeichnet und ist der klassische Autoführerschein für Fahrzeug bis 3,5 Tonnen Gesamtmasse. Beim Führen eines Anhängers gibt es zwei Möglichkeiten. Es dürfen Anhänger gezogen werden, wenn diese maximal 750 Kilogramm wiegen. Oder aber der Anhänger wiegt mehr als 750 Kilogramm und die zulässige Gesamtmasse dieser Kombination aus Anhänger und Zugfahrzeug liegt aber dennoch nur bei maximal 3,5 Tonnen. Der Erwerb des Führerscheins der Klasse BE erlaubt ein zulässiges Gesamtgewicht von sieben Tonnen. Sowohl Zugfahrzeug als auch Anhänger dürfen einzeln 3,5 Tonnen wiegen. Für diesen Führerschein ist eine eigenständige Schulung und Prüfung notwendig.

Mit dem Führerschein C1 beginnt die Lkw-Klasse. Diese gilt bis zu einer Gesamtmasse von 7,5 Tonnen für das Zugfahrzeug. Mit dieser Klasse darf aber auch nur ein Anhänger bis 750 kg Gesamtmasse gezogen werden. Müssen Anhänger über 750 kg transportiert werden, so ist auch hier die Klasse C1E oder sogar CE erforderlich. Bei all diesen Führerscheinklassen, muss auch auf das Ablaufdatum geachtet werden. Diese Fahrerlaubnisklassen müssen alle fünf Jahre neu beantragt werden und erfordern zuvor eine medizinische Eignungsuntersuchung. Wird dies versäumt, so befindet man sich sogleich im Tatbestand des »Fahrens ohne Fahrerlaubnis«, welche rechtliche Konsequenzen für den Fahrer/die Fahrerin und den Halter/die Halterin des betreffenden Transportfahrzeuges nach sich zieht (vgl. hierzu: Matzik 2021: S. 19).

An der eigentlichen Einsatzstelle angekommen, müssen anschließend die Paletten auch wieder vom Transportfahrzeug abgeladen werden. Hierbei sollte wieder nach Möglichkeit auf die Hilfe von Teleladern, Radladern oder landwirtschaftlichen Maschinen mit Palettengabeln zurückgegriffen werden. Ist ein maschinelles Abladen nicht möglich, so müssen die Sandsäcke von Hand mittels Helferkette abgeladen werden. Ein Abkippen der gefüllten Sandsäcke ist nicht zu empfehlen. Für eine Helferkette ist pro laufenden Meter ein Helfer/eine Helferin zu kalkulieren. Hierbei wird sich versetzt in einer Linie bis zum Verbauort der Sandsäcke aufgestellt. Die gefüllten Säcke werden anschließend von Helfer/Helferin zu Helfer/Helferin weitergereicht. Auf ein Werfen der Sandsäcke sollte aus gesundheitlichen Gründen und aus Gründen des Unfallschutzes verzichtet werden. Beim Einsatz einer Helferkette bewährt es sich auch, die Sandsäcke nicht zu groß zu wählen und nicht zu stark zu befüllen (Gewichte beachten und die Säcke nur zu 2/3 zu befüllen) (vgl. hierzu: Hamacher/Cimolino 2021)

12.3   Sandsackmanagement

Ein leistungsstarkes Sandsackmanagement setzt voraus, dass man im Vorfeld im Rahmen der Bedarfsplanung zum Thema Hochwasserschutz die entsprechenden Festlegungen trifft. Hierzu zählt im Besonderen die örtliche Lage eines Sandsackabfüllplatzes. Dazu gibt es mehrere Möglichkeiten. Kommt die Abfülleinrichtung zum Sandmaterial oder kommt das Sandmaterial zur Abfülleinrichtung. Bei erster Lösung werden mobile Sandsackabfülleinrichtungen z. B. zu einem Kieswerk oder zu einem Lagerplatz mit entsprechenden Sandlagern transportiert. Bei der zweiten Lösung wird der Sand mittels Transportkapazitäten zur Sandsackabfüllanlage hin transportiert, wie z. B. zu einem kommunalen Betriebshof. Beide Lösungen haben vor und Nachteile, die im Rahmen der jeweiligen Einsatzvorplanung zu beachten sind. Natürlich sind diese Lösungen auch mitunter lageabhängig, wenn z. B. die geplante Abfüllörtlichkeit aus unterschiedlichen Gründen, beispielsweise weil die Zufahrtstraßen blockiert oder unpassierbar sind, eventuell nicht mehr zur Verfügung steht. Bei einer ausgewogenen Bedarfsplanung sollten hierzu immer mehrere unterschiedliche Lösungen parat sein, dies erleichtert der jeweiligen Einsatzleitung dann im Bedarfsfall entscheidend ihre Arbeit. Es empfiehlt sich hierzu auch, bereits im Vorfeld in bilateralen Verhandlungen besondere Vereinbarungen mit den jeweiligen Firmen und oder Grundstückseigentümern zu treffen bzw. auszuhandeln. Hierbei sollten auch die Fragen der schnellen Zugänglichkeit und weitere organisatorische Dinge wie z. B. Stromzufuhr und deren Absicherungen, Nutzung sanitärer Anlagen oder Unterstellmöglichkeiten und Ruheräume für die Einsatzkräfte erörtert werden. Sandsackabfüllplätze müssen auch für die Lagerung der gefüllten Sandsäcke entsprechende Lagerflächen haben, die zudem gut mittels Transportkapazitäten anzufahren sind. Da hierbei auch eventuell Transporte mittels Anhängern durchgeführt werden, muss auch hier für den erweiterten Platzbedarf Rechnung getragen werden.

Sandsäcke können zu einem begehrten Gut im Rahmen von Hochwassereinsätzen werden, es ist dafür Sorge zu tragen, dass die Einsatzkräfte nicht durch aufgebrachte zivile Personen gefährdet werden. Eine zentrale Bedeutung kommt der Leitung des Sandsackabfüllplatzes zu. Hierfür ist als Minimum ein gut ausgestatteter ELW 1 besser sogar ein ELW 2 oder eine stationäre Unterbringung erforderlich. Am Sandsackabfüllplatz muss eine gut organisierte Logistik aufgebaut werden, die über die Ausgabe der angeforderten gefüllten Sandsäcke entscheidet und ggf. entsprechend dafür Sorge trägt, dass genügend Sandmaterial und leere Sandsäcke in der Vorhaltung zur Verfügung stehen.

Bei Bedarf ist es auch ratsam, sich rechtzeitig mit der besonderen Lage von zivilen Spontanhelfern und Spontanhelferinnen zu befassen, damit diese »Einsatzkräfte« entsprechend organisatorisch auch sinnvoll mit eingesetzt werden können. Hierzu zählen z. B. auch Abfüllplätze, wo von Hand die Sandsäcke gefüllt werden. Auch die Spontanhelfenden sind in die gesamte Logistik einzubeziehen, einschließlich der Versorgung mit Nahrungsmitteln und Getränken und den zur Verfügung gestellten sanitären Einrichtungen. Je nach Größe eines Sandsackabfüllplatzes kann es darüber hinaus auch zwingend notwendig sein, für eine medizinische oder zumindest sanitätsmäßige Absicherung Sorge zu tragen. Siehe hierzu auch Kapitel 7.

Praxistipp:

Für die Ermittlung der benötigten Sandsäcke, die daraus resultierenden Gewichte und die benötigten Paletten gibt es sehr nützliche Hilfsmittel. Das THW hat hierzu einen webbasierten Rechner im Internet zur Verfügung gestellt (vgl. hierzu: Sandsackberechnungshilfe des THW: https://thwms.de/_v2/content/sandsackrechner/index.php, Stand Februar 2022). Zudem gibt es diesbezüglich auch Apps für Smartphones und Tablets auf den einschlägigen Plattformen.

12.4   Sandsackverbau

Der Verbau der Sandsäcke ist natürlich von der jeweiligen Einsatzlage und vor allem vom jeweiligen Einsatzort abhängig. Es empfiehlt sich, den jeweiligen Sandsackwall ggf. mittels Baufolien noch zusätzlich zu schützen. Die Folie wird so angebracht, dass die Sandsäcke auf der Folie liegen und die Folie anschließend nach Fertigstellung des Sandsackwalls von der Wasserseite aus über den Wall gezogen wird. Je nach Einsatzart gibt es auch unterschiedliche Grundstrukturen. Nach Möglichkeit sollten die Sandsäcke verzahnt verbaut werden. Große Sandsackwälle sind in ihrer Herstellung sehr Personal- und Materialintensiv und erfordern eine gute Logistik. Je besser diese im Vorfeld eines Einsatzes geplant ist, desto einfacher und schneller kann die Aufgabe im Einsatzfall erfüllt werden.

Die Anzahl der benötigten Sandsäcke richtet sich immer nach der Art des zu bauenden Sandsackdammes. Einfache Dammsysteme bestehen aus einer Reihe von längs verlegten Sandsäcken, da man im Gegensatz zur Querverlegung der Säcke, bei der Längsverlegung weniger Sandsäcke benötigt, ist dies die häufiger angewandte Methode. Soll der Sandsackwall für höhere Wasserstände ausgelegt sein, so erfolgt zuerst das Verlegen von mehreren Reihen in Längsverlegung nebeneinander. Je nach

Höhe des Dammes können dies z. B. an der Basis fünf bis sechs Reihen sein. Darüber werden anschließend die nächsten Lagen an Sandsäcke verbaut. Hierzu gibt es einen Richtwert, der besagt, dass die Basis der Sandsäcke gleichzusetzen ist mit den Lagen in der Höhe, d. h. bei einem fünflagigen Wall, werden an der Basis auch fünf Reihen an Sandsäcken benötigt (vgl. hierzu: Schmidt 2014: S. 6).

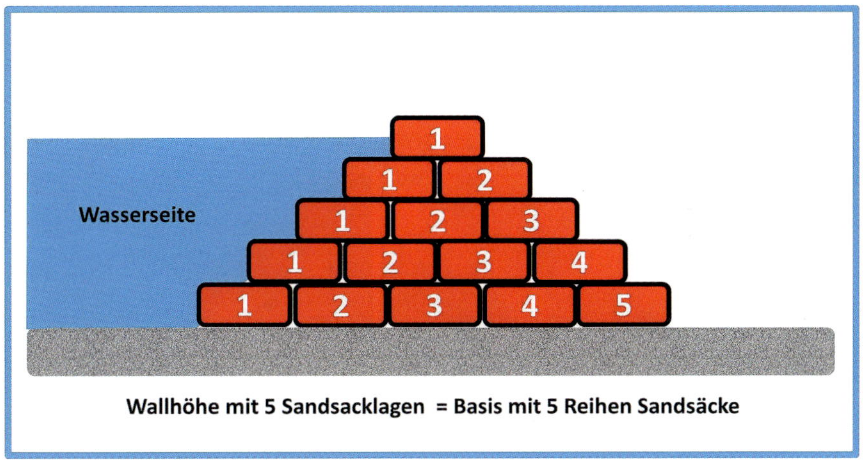

Bild 90:   *Schematische Darstellung eines Sandsackwalls*

12.5   Einsatz von Big Bags

Bei besonderen Einsatzlagen kann es auch erforderlich sein, dass normale Sandsackbarrieren nicht mehr ausreichen und/oder das z. B. Uferböschungen gesichert werden müssen. Hierfür eignen sich besonders gut sogenannte Big Bags. Es handelt sich hierbei um ca. 1 m³ fassende sehr stabile Kunststoffsäcke, welche durch ein eingearbeitetes Gewebe besonders reißfest sind. An der Oberseite sind stabile Tragschlaufen für den Transport angebracht, so dass man die gefüllten Säcke gut mittels Gabelstapler o. ä. Transportfahrzeugen händeln kann. Es gibt diese Säcke in sehr unterschiedlichen Bauarten. Sie unterscheiden sich zumeist in der Ausgestaltung der oberen Öffnung. Gefüllt werden diese Säcke am besten maschinell mittels Bagger, Radlager, Teleskoplader oder ähnlichen Baumaschinen. Die leeren Big Bags lassen sich sehr gut und platzsparend lagern.

Auch beim Einsatz und insbesondere beim Transport gilt es, die entsprechenden Transportgewichte besonders zu beachten. Ein Big Bag wiegt je nach Füllmaterial schnell bis zu zwei Tonnen. Beim Platzieren der Big Bags an der Einsatzstelle ist ebenso ein besonderes Augenmerk auf die entsprechenden Lastgrenzen des verwendeten Transportgerätes zu achten, sehr schnell kommen hier Teleskoplader, kleine Bagger oder Lkw mit Lastkränen an ihre Belastungsgrenzen.

Achtung:

Grundsätzlich sind beim Transport von Sandsäcken und Big Bags die Vorschriften zu den Unfallverhütungsvorschriften und zur Ladungssicherung einzuhalten!

Bild 91 und 92:   *Zur Uferbefestigung verbaute Big Bags (links). Sandsackwall zur Deichverstärkung beim Elbehochwasser 2002 (rechts)*

Bild 93 und 94:   *Sandsackverbaue beim Elbehochwasser 2002 an einem Autobahnabschnitt*

Bild 95 und 96: *Sicherung von Verkehrswegen mit Sandsackwällen beim Elbehochwasser 2002*

12.6 Einsatz von Fremdgeräten

Bei Einsätzen im Rahmen von größeren Unwetterlagen kommen die Einsatzkräfte recht schnell an die Grenzen ihrer Leistungsfähigkeit, wenn es um spezielle Maschinen, Fahrzeuge oder anderweitige Gerätschaften geht. Sind hierbei auch die Möglichkeiten anderer Behörden, Institutionen oder Hilfsorganisationen erschöpft oder stehen zeitnah nicht zur Verfügung, so wird oftmals auf nichtkommunale Firmen zurückgegriffen. Zum Beispiel wird im Einsatz schnell einmal der Radlader der in der Nähe befindlichen Tiefbaufirma, der Traktor des benachbarten Landwirtes eingesetzt oder eine fachkundige Feuerwehreinsatzkraft bedient den Gabelstapler, der gerade greifbar ist. Solche Szenarien hat wohl schon fast jede langjährig tätige Führungskraft einmal erlebt. Es erfolgt hierbei also ein Einsatz »feuerwehrfremder« Maschinen/Fahrzeuge. Dieses Vorgehen ist gelebte Praxis, dennoch sollte man hierbei ein paar wesentliche Punkte beachten. Die Feuerwehrunfallkasse Niedersachsen hat hierzu erst jüngst in ihrer Ausgabe Nr. 3 zum Jahresende 2021 einige wichtige Hinweise gegeben (vgl. Wittschurky 2021: S. 4f). Die Feuerwehrunfallkasse schreibt hierzu: »Der Träger der Feuerwehr als Unternehmer trägt die Verantwortung für die Sicherheit und den Gesundheitsschutz der Feuerwehrangehörigen. Dieser Pflicht kann er nur nachkommen, wenn er Kenntnis vom Einsatz solcher Fahrzeuge hat« (Wittschurky 2021: S. 4). Es ist nunmehr wichtig, genau festzulegen, wer wen beauftragt. Wird die Beauftragung durch Einsatzkräfte federführend veranlasst, so nehmen diese die Rolle des Unternehmers ein und sind somit auch für die Sicherheit und den Gesundheitsschutz verantwortlich. Im § 33 der DGUV 71 ist daher festgelegt:

- Fahrzeuge dürfen nur bestimmungsgemäß benutzt werden. Sie müssen sich in betriebssicherem Zustand befinden und für den vorgesehenen Verwendungszweck geeignet sein.
- Da Fahrzeuge vom Fahrzeughersteller im Allgemeinen für die Bewältigung fest umrissener Aufgaben gebaut werden, obliegt dem Unternehmer der bestimmungsgemäße Einsatz der Fahrzeuge. Der betriebssichere Zustand von Fahrzeugen umfasst sowohl den verkehrssicheren als auch den arbeitssicheren Zustand.

Weitere zu beachtende Bestimmungen sind im § 35 der GDUV 71 festgelegt. Im Umkehrschluss bedeutet dies aber auch, dass beim Einsatz »feuerwehrfremder« Fahrzeuge und Einsatzmittel eine darauf ausgelegte Arbeitsschutzorganisation sehr wichtig ist. Abschließend bleibt festzustellen, dass auch solche Maßnahmen im Vorfeld im Rahmen der umfassenden Einsatzvorplanung mit beachtet werden müssen und entsprechende Maßnahmen und Vorkehrungen zum Schutz der zumeist ehrenamtlich tätigen Einsatzkräfte zu treffen sind.

Ist ein Einsatz von »feuerwehrfremden« Fahrzeugen/Materialien unumgänglich, so sollte die Beauftragung von einem Mitarbeiter oder einer Mitarbeiterin der beauftragenden kommunalen Gebietskörperschaft erfolgen und nicht durch z. B. ehrenamtlich tätige Führungskräfte. Oftmals ist in den kommunalen Satzungen schon entsprechend festgelegt, wer, wann und bis zu welcher finanziellen Höhe Beauftragungen veranlassen darf.

13 Abwehrender Hochwasserschutz »Mobildeichsysteme«

Der Einsatz von Sandsäcken, wie im vorangegangenen Kapitel beschrieben, erfordert sehr viel Personal und verbraucht auch sehr viele Ressourcen an Einsatzmitteln. Zudem ist der Bau großer Sandsackbarrieren und Sandsackdämme auch eine kräftezehrende Tätigkeit für die Einsatzkräfte.

Der Bau von hunderten von Metern Sandsackwall erfordert in der Regel auch hunderte von Einsatzkräften. So benötigt man z. B. für einen 100 m langen Sandsackdamm mit einer Bauhöhe von 0,5 m alleine für den Verbau der ca. 9 000 notwendigen Sandsäcke, wenn der Damm innerhalb von zwei Stunden errichtet werden soll, über 220 Helfer. Eine Bauzeit von zwei Stunden ist in den Mittelgebirgsregionen keine Seltenheit, beträgt die Vorwarnung bei Starkregenereignissen in diesen Regionen oftmals nur zwei bis drei Stunden. In dieser Rechnung sind noch nicht die Einsatzkräfte für das Füllen der Sandsäcke berücksichtigt, da dies sehr stark von der zur Verfügung stehenden Abfülltechnik und den Transportkapazitäten abhängig ist.

Damit die Ressourcen an Einsatzkräften und Einsatzmitteln mehr geschont werden, finden zunehmend mobile Deichsysteme bei den Feuerwehren und Hilfsorganisationen Anwendung. Es gibt hier eine ganze Palette von unterschiedlichen Systemen. Ein weit verbreitetes System sind die mobilen Schlauchdämme, die je nach Bauart in unterschiedlichen Längen im einschlägigen Fachhandel erhältlich sind. In der Regel werden diese mobilen Deichsysteme aus sehr stabilem Kunststoff bestehend, in Form von großen Schläuchen mit Durchmessern von 0,30 m bis ca. 1,50 m gefertigt. Die Schläuche sind miteinander mittels Manschetten koppelbar, so dass schnell sehr lange Deichsysteme zu errichten sind. Der Mobildeich passt sich hierbei auch der Topografie an. In der Regel reichen wenige Einsatzkräfte für den Aufbau aus. Zuerst wird das Mobildeichsystem mit Luft gefüllt und anschließend in die entsprechende Position gebracht. Danach wird der Mobildeich mit Wasser aufgefüllt. Dies geschieht z. B. direkt über das Trinkwasserhydranten-Netz oder mittels Feuerlöschkreiselpumpen. Dies ist notwendig, damit der Deich genügend Gewicht erhält und nicht so leicht fortgespült wird. Man benötigt anschließend nur noch für Ecken, Löcher oder anderweitige Öffnungen eine gewisse Menge an Sandsäcken, damit der mobile Damm abgedichtet werden kann.

Bild 97:   *Mobildeichmodell, welches aus einem Kunststoffschlauch besteht (Bild Holger Schlegel, Goslarsche Zeitung)*

Das Beaver® Unwetter- und Hochwasserschutzsystem zum Beispiel besteht aus zwei parallel nebeneinander liegenden und fest miteinander verbundenen Kunststoffschläuchen. Zusätzliche Stauhöhe gewinnt man, indem im Notfall ein dritter Schlauch auf den beiden bereits mit Wasser gefüllten Schläuchen angebracht wird (vgl. hierzu: Beaver Schutzsysteme 2015). Laut Herstellerangaben werden für ca. 300 m Mobildeich acht Einsatzkräfte benötigt. Bei einer Deichhöhe von 0,5 m benötigt man ca. 1 Stunde Aufbauzeit.

Die mobilen Deichsysteme eignen sich besonders für das gezielte Ableiten von Hochwasserströmen, wie zum Beispiel entlang von Straßenzügen, damit das Wasser nicht in die angrenzenden Häuser hineinlaufen kann. Bei Hochwasserereignissen im niedersächsischen Harz konnten bereits gute Erfahrungen mit solchen mobilen Schlauchdämmen gemacht werden. Werden aber zu viele Geröllmassen und zu große Schwemmmaterialien bzw. Treibgut vom Hochwasser mitgerissen, so stoßen auch solche Systeme an ihre Grenzen. Für den Einsatz mobiler Deichsysteme sind die Einsatzkräfte gut beraten, im Vorfeld bereits zukünftige Einsatzszenarien dahingehend besonders zu betrachten, zu analysieren und dementsprechende Vorkehrungen zu treffen.

Ein Nachteil dieser mobilen Deichsysteme ist zum einen der hohe Anschaffungswert und zum anderen die erforderlichen Lagerkapazitäten. Es bedarf hierzu einer genauen Einsatzplanung durch die örtlich zuständigen Behörden in Zusammenarbeit mit den Feuerwehren und den Hilfsorganisationen. Neben der angesprochenen Lagerkapazität müssen die mobilen Deichsysteme im Einsatzfall auch schnell an die entsprechenden Einsatzorte verbracht werden können, auch hierfür muss es eine logistische Einsatzplanung bereits im Vorfeld erfolgt sein. Für die Lagerung empfiehlt es sich, geeignete Lagerhallen zu errichten oder anzumieten etc. Dass man für den Aufbau dieser mobilen Deichsysteme regelmäßige Schulungen und Einsatzübungen durchführen muss, versteht sich von selbst.

Bild 98: *Aufbau eines mobilen Deichsystems (Bild: Stefan Schwerdhelm, Feuerwehr Hahndorf).*

Bild 99: *Es werden möglichst zwei Deiche parallel verlegt (Bild: Stefan Schwerdhelm, Feuerwehr Hahndorf).*

Bild 100:   *Die anfänglich mit Luft gefüllten Deiche lassen sich gut mit wenigen Einsatzkräften zum endgültigen Einsatzort transportieren (Bild: Stefan Schwerdhelm, Feuerwehr Hahndorf).*

Bild 101 und 102:   *Nach der endgültigen Positionierung des Dammsystems wird dieses mit Wasser aufgefüllt (links) Die gefüllten Dämme in ihrer endgültigen Position. Im Bedarfsfall kann ein dritter Damm oben drauf gelegt werden (rechts) (Bilder: Stefan Schwerdhelm, Feuerwehr Hahndorf).*

Bild 103 und 104: *Sind die mobilen Deichsysteme zu niedrig bemessen, können sie überflutet werden, wie an diesem Beispiel (Hochwasserereignis 2017) zu sehen (links). Weiteres Mobiles Deichsystem bei einem Hochwasserereignis im Jahr 2017 (rechts) (Bilder: Holger Schlegel, Goslarsche Zeitung).*

13.1 Flutgitter, Flutsperren und artverwandte Systeme

Neben den schlauchförmigen Mobildeichsystemen gibt es auch eine ganze Reihe weiterer Systeme für den mobilen Hochwasserschutz. Zumeist handelt es sich hierbei um selbstaufrichtende Barrieren, die aus den verschiedensten Materialien gefertigt sein können. Ein sehr effektives System ist z. B. eine Hochwassersperre, die aus zwei baugleichen Kunststoffgitterrosten besteht, die ohne weiteres Zubehör einfach in einem rechten Winkel zusammengesteckt werden. Als Stabilisator wird zusätzlich eine Edelstahlseilverspannung werkzeuglos in das Gittersystem eingebaut und danach erfolgt die Abdichtung dieses Flutgitters mittels einer stabilen handelsüblichen Folie. Bei diesem System wird allerdings noch jeweils eine Reihe an Sandsäcken zur Stabilisierung am Boden benötigt.

Diese Art von Flutgittern ist auch gut dafür geeignet, in starken Strömungen eingesetzt zu werden. Sinnvoller Nebeneffekt dieser Sperren ist, dass man sie auch zum Aufstauen von Gewässern zur Löschwasserentnahme verwenden kann. Laut Hersteller ist es sogar möglich, je nach Untergrundbeschaffenheit damit einen Löschwasserbehälter zu konstruieren. Laut Herstellerangaben sind die Gitter aus einem seewasserbeständigen Kunststoff aus dem Offshore Bereich gefertigt. Die Standardgitter haben Palettenmaß.

13

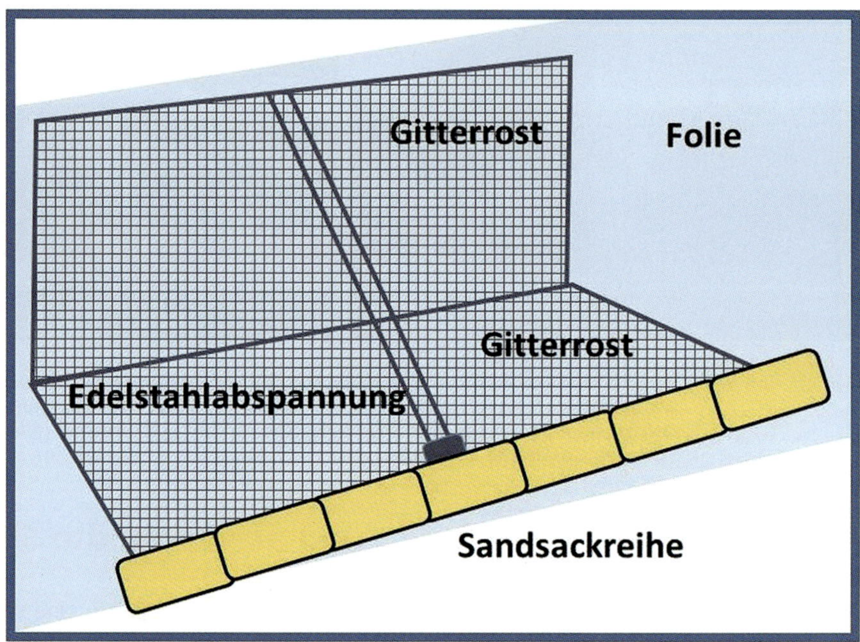

Bild 105: *Schematischer Aufbau einer Flutsperre bestehend aus Kunststoff-Gitterroste*

Bild 106 und 107: *Eines der beiden Module (Gitterroste) der Flood Grating-Sperre (links). Die fertig aufgebaute Flutsperre Typ Flood Grating, es fehlen nur die Sandsäcke zur Beschwerung (rechts).*

Eine ebenfalls leicht aufzubauende Flutsperre, die genauso wie das zuvor beschriebene Modell auch zur Löschwasservorhaltung verwendet werden kann, wird von der Schweizer Firma Lenoir angeboten. Es handelt sich hierbei um eine leichte, durch zwei

Personen tragbare Flutsperre. Diese kann je nach Einsatzort, wie z.B. auf Straßen oder in einem Flussbett, in Stellung gebracht werden. Hierzu wird die aufgerollte Flutsperre, die gut auf einer handelsüblichen Palette gelagert und transportiert werden kann, einfach am Einsatzort ausgerollt und in die entsprechende Position verbracht. Danach lässt sich die Flutsperre mit wenigen Handgriffen mittels Sandsäcken oder Steinen am Untergrund stabilisieren. Der anschließende Druck des aufzustauenden Wassers sorgt dafür, dass sich die Flutsperre selbsttätig aufrichtet und fest am Untergrund positioniert bleibt.

Bild 108: *Flutsperre in einem Bachlauf, die Sperre kann auch dafür verwendet werden, Löschwasser in Bächen- und kleinen Flüssen anzustauen (Bild: Archiv Feuerwehr Bad Harzburg).*

Der spätere Abbau der Flutsperre erfolgt in umgekehrter Reihenfolge. Zuerst werden die Sandsäcke oder Steine wieder entfernt. Danach wird der untere Klappschenkel der Sperre angehoben. Sollte die Sperre in einem Flussbett installiert gewesen sein, so sorgt der Wasserdruck dafür, dass die Sperre automatisch weggezogen wird. Hierbei ist es notwendig, die Sperre zuvor mittels eines Seils zu sichern, damit sie nicht wegschwimmt. Wenn die Sperre sich anschließend an einem der Uferböschungen befindet, kann sie an Land gezogen und aufgerollt werden. Die Flutsperren bestehen in der Regel aus einem Polyestergewebe, welches beidseitig mit PVC-beschichtet und lackiert ist. Der Einsatzbereich für diese Sperren liegt laut Herstellerangaben in einem Temperaturbereich von minus 30° Celsius bis plus 70 °Celsius (vgl. hierzu: Lenoir – Flutsperre o. Dat.).

Die vorgenannten Flutsperren werden in den Durchmessern 30, 35, 40, 50 und 65 cm und in den Längen von 5 m bis 20 m gefertigt. Die Stauhöhe beträgt je nach Modell zwischen 15 bis 100 cm. Diese Art von Flutsperren ersetzen z. B. je nach Länge und Stauhöhe zwischen 1.500 und 35.000 Sandsäcke. Dies führt zu einer erheblichen Ressourcenreduzierung und damit einhergehend einen nicht zu unterschätzenden Zeitvorteil. Gerade im Hinblick auf Gebirgsregionen, wo ohne lange Vorwarnzeiten ein Hochwasser entsteht.

Bild 109: *Flutsperre komplett aufgebaut in einem kleinen Flusslauf (Bild: Archiv Feuerwehr Bad Harzburg)*

Es empfiehlt sich im Rahmen der Beschaffungen solcher Systeme, dass zumindest innerhalb der jeweiligen Gebietskörperschaften (Kommune, Landkreis) die Feuerwehren und die zuständigen Hilfsorganisationen einheitliche Systeme beschaffen und vorhalten. Zwar wird es sich im Laufe der Jahre nicht vermeiden lassen, dass sich durch Modellreihenwechsel etc. Änderungen an den Systemen ergeben, dennoch sollte für eine bessere Ressourcenvorhaltung auf eine weitestgehende Einheitlichkeit und Kompatibilität, zumindest in der Funktion, geachtet werden. Hierzu sollte sich der Träger der Feuerwehr, bzw. die beschaffende Behörde, mit den zuständigen Rechnungsprüfungsämtern/Rechnungshöfen darauf verständigen, dass im Rahmen der öffentlichen Ausschreibungen auf die Kompatibilität ein besonderes Augenmerk zu legen ist. Die vorgenannten Flutsperren eigenen sich aufgrund ihrer einfachen Händelbarkeit auch gut für den Objektschutz und sind für Firmen oder Hauseigentümer in den entsprechend gefährdeten Hochwassergebieten zum Eigenschutz zu empfehlen.

Neben den bereits detaillierter beschriebenen Flutsperren gibt es eine ganze Reihe weiterer Systeme in den unterschiedlichsten Bauarten und Abmessungen. Von einem Hersteller werden z. B. sogenannte Floodstop Barrieren angeboten. Es handelt sich hierbei um ein Baukastensystem aus 1.200 mm langen Kunststoffblöcken, die miteinander koppelbar sind. Die Kunststoffblöcke werden anschließend zur Hälfte mit Wasser gefüllt, um die nötige Stabilität zu erlangen. Die verbleibenden Teile dieser Hochwassersperre füllen sich anschließend selbsttätig mit dem ansteigenden Hochwasser. Die miteinander koppelbaren Blöcke verfügen über entsprechende Dichtungen an den Verbindungsstellen. Aufgrund der voluminösen Blöcke und der damit einhergehenden notwendigen Lagerkapazität eignen sich diese Systeme aber hauptsächlich für den Objektschutz und sollten daher auch von den betroffenen Grundstücksbesitzern vorgehalten werden. Es gibt darüber hinaus auch ähnliche Systeme, welche zur Lagerung ineinander gestapelt werden können und nur bei einem Hochwassereinsatz dann nebeneinander gekoppelt eine Flutbarriere bilden.

13.2   Rechtliche Betrachtungen

Bei der Einflussnahme auf das natürliche Fließverhalten der Hochwässer muss die Einsatzleitung grundsätzliche Abwägungen treffen, welche weiteren Auswirkungen z. B. ein Ab- oder Umleiten von Hochwasserströmen nach sich zieht. Ab-/Umleitungsmaßnahmen von Hochwasserströmen können erforderlich sein, damit besonders schützenswerte Gebäude oder Kulturgüter gesichert werden. Werden durch die Ab-/Umleitung der Hochwasserströme allerdings anderweitige Grundstücke und Gebäude dadurch nachhaltig beeinträchtigt, so muss zuvor eine Abwägung der erforderlichen Maßnahmen getroffen werden.

Es empfiehlt sich hierbei, bereits im Rahmen der vorbeugenden Einsatzplanung die taktischen Möglichkeiten abzuwägen und ggf. die dadurch später betroffenen Grundstückseigentümer und Grundstückseigentümerinnen im Vorfeld darüber zu informieren. Auch sollten solche einsatztaktischen Maßnahmen in die städtebaulichen Planungen mit einbezogen werden. Wird zum Beispiel ein ganzer Straßenzug zur Ableitung eines Hochwasserstromes auserkoren, so müssen hierbei auch alle später eventuell erhobenen Regressansprüche mit in die Einsatzplanung einbezogen bzw. berücksichtigt werden.

14 Einsatz von Hochwasserpumpen

Bei einem Hochwassereinsatz kommt eine Vielzahl von technischen Hilfeleistungsgeräten zum Einsatz. Neben dem Sandsackverbau, dem Einsatz von Mobildeichsystemen u. v. m. ist der Einsatz von Hochwasserpumpen eines der am häufigsten eingesetzten Einsatzmittel. Da es zum Einsatz von Hochwasserpumpen und Schmutzwasserpumpen vielfältige Literatur gibt, soll an dieser Stelle dieser Einsatz nur kurz angerissen werden.

Die gebräuchlichsten Pumpen bei den kommunalen Feuerwehren sind die Feuerlöschkreiselpumpen, die es in verschiedenen Größenordnungen gibt. Darüber hinaus gibt es eine Vielzahl an weiteren Pumpen. Häufig werden bei Hochwasserlagen, insbesondere wenn es um das Auspumpen von vollgelaufenen Kellerräumen geht, Tauchpumpen eingesetzt. Neben den schon seit Jahren bewährten Tauchpumpen gibt es in den letzten Jahren vermehrt spezielle Schmutzwasserpumpen, die auch in der Lage sind, grobe Verschmutzungsteile zu fördern. Das Technische Hilfswerk hält für Hochwassereinsatzlagen ebenfalls besonders leistungsstarke Pumpenaggregate vor, die zumeist auf Anhängerfahrgestellen montiert sind. Für den Hochwassereinsatz eignen sich darüber hinaus auch Schwimmpumpen sehr gut.

Für den Einsatz bei den kommunalen Feuerwehren empfiehlt es sich, eine ausreichende Anzahl an Schmutzwasserpumpen vorzuhalten. Dies kann neben der Lagerung bei den kommunalen Feuerwehren auf den Einsatzfahrzeugen auch durch eine zusätzliche Bevorratung mittels Verlastung auf Rollcontainern erfolgen. Die Rollcontainer lassen sich anschließend schnell mittels eines Logistikfahrzeuges an die Einsatzstellen bringen. Wird den jeweiligen Schmutzwasserpumpen auch noch ein Stromerzeuger beigestellt, so kann man schnell und einfach, sehr autark mit diesen Einsatzmitteln arbeiten.

Bild 110: *Das THW verfügt für den Hochwassereinsatz über leistungsstarke Pumpen (Bild: THW Mediathek/Kai Uwe Wärner).*

Bild 111:   *Zwei Schmutzwasserpumpen mit Zubehör und einem Stromerzeuger als autarke Einheit auf einem Rollcontainer verlastet*

Merke:

Der Einsatz und die Bevorratung von Schmutzwasserpumpen sollten ebenfalls in der kommunalen Einsatzplanung berücksichtigt werden, so dass im Einsatzfall eine optimierte Ressourcenvorhaltung gegeben ist.

15 Gefahren durch Elektrizität

Die Gefahren bei Hochwassereinsätzen, Starkregenereignissen und Sturzfluten beinhalten so gut wie das gesamte Spektrum der Gefahren an der Einsatzstelle. Es soll an dieser Stelle nicht auf jede Gefahrensituation und Gefahrenmöglichkeit hingewiesen werden, hierzu wird auf die einschlägigen Unfallverhütungsvorschriften sowie auf die umfangreiche Literatur zu diesem Themenkomplex verwiesen (vgl. Knorr 2018).

Auf eine besonders häufig anzutreffende und zumeist unsichtbare Gefahr bei Hochwassereinsätzen soll an dieser Stelle allerdings etwas näher eingegangen werden. Es betrifft die Gefahren durch vorhandene Elektrizität. Gerade im Hinblick darauf, dass bei Hochwasserereignissen in der Regel auch viele Gebäudeteile unter Wasser stehen, bzw. tiefer liegende Räume, wie Keller, Tiefgaragen, Werkstätten etc., durch das eingetretene Tageswasser vollgelaufen sind, besteht eine erhöhte Gefahr, einen Stromunfall zu erleiden. Neben den Hausbewohnern/Hausbewohnerinnen, die zumeist aus Unkenntnis heraus durch die Gefahren der Elektrizität verunglücken, können insbesondere auch Einsatzkräfte, die z. B. Kellerräume auspumpen wollen, einen Stromunfall erleiden. Leider wird diese Gefahr sehr häufig von den Einsatzkräften unterschätzt.

Da in der Regel die Elektrohausanschlüsse für Gebäude in den Kellerräumen liegen und die Hausanschlüsse mit den Einspeisesicherungen hierbei noch nicht durch einen Fehlerstromschalter abgesichert sind, da diese sich zumeist erst in der weiterführenden Hausinstallation befinden, besteht bei Überflutung der Anschlüsse eine besondere Gefahr. Erschwerend kommt noch hinzu, dass gerade schmutziges Wasser eine höhere Leitfähigkeit als sauberes Trinkwasser besitzt und somit die Gefahr eines Stromschlages für Personen und Tiere noch einmal erhöht wird. Besondere Gefahren gehen auch von Speichereinrichtungen für Photovoltaikanlagen aus. Auch diese Speicher befinden sich häufig in den Kellerräumen und sind durchgängig spannungsführend, zudem lassen sie sich nicht so ohne weiteres abschalten. Sind Gebäudeteile überflutet und der Strom für diese Gebäude noch nicht fachgerecht abgeschaltet worden, so besteht für die Bewohnerinnen und Bewohner sowie die Einsatzkräfte eine erhöhte Gefahr, z. B. beim Berühren von metallischen Geländern usw., einen Stromschlag zu erleiden. Für die Einsatzkräfte bedeutet dies, dass bei der Erkundung und weiteren Einsatzbearbeitung dieser Gefahr ein besonderes Augenmerk zu schenken ist. Es sollten vor dem Kontakt mit metallischen Gebäudeteilen und dem eingetretenen Wasser schon bei Einsatzbeginn bzw. bei der Erkundung die Flüssigkeiten auf Spannung überprüft werden. Dies geschieht am besten am Rand des überfluteten Bereiches. Ebenso ist es ratsam eine Überprüfung von Schächten und ähnlichen Anlagen vor deren betreten durchzuführen. Auch beim Einsetzen oder Entnehmen von Pumpen in überfluteten Bereichen sollte das Wasser zuvor auf eine eventuell vorhandene Spannung hin geprüft werden und erst danach die Arbeiten mit der Pumpe fortgesetzt werden. Nachdem der Wasserpegel soweit gesunken ist, dass eine eingesetzte Pumpe nicht weiter abpumpen kann, ist der Arbeitsbereich im Restwasser weiterhin auf Spannung zu prüfen. Die Pumpe kann ggf. in einen Revisionsschacht umgesetzt oder die Arbeit mit einem Wassersauger oder Wischer fortgesetzt werden (vgl. hierzu: Tietzsch 2021).

Zur Erkundung und Überprüfung, ob ein überfluteter Bereich spannungsführend ist, gibt es mittlerweile besonders entwickelte Mess- und Warngeräte im Fachhandel. Bei der Verwendung dieser Geräte sind allerdings die in der Bedienungsanleitung beschriebenen Anwendungen zu berücksichtigen und im Besonderen die Sicherheitshinweise und die technischen Daten mit den Umgebungsbedingungen zu beachten.

Das Gerät darf nur von autorisierten Personen verwendet werden! Für die Autorisierung muss der Anwender geschult und durch die für ihn zuständige Führungskraft zur Verwendung autorisiert werden. Die Schulung erfolgt nach Herstellervorgaben durch eine Elektrofachkraft und umfasst folgende Aspekte (Tietzsch 2021):

- mögliche elektrische Gefahren an der Einsatzstelle,
- Schutzeinrichtungen und Schutzmaßnahmen,
- Grundfunktionen des Gerätes,
- praktische Übung mit dem Gerät.

Bild 112: *Messgerät zur Überprüfung und Überwachung von überfluteten Gebäudeteilen (Bild: Norman Wiezorek, Feuerwehr Bad Harzburg)*

Achtung:

Es versteht sich von selbst, dass die Geräte nur gemäß ihrer Bestimmung verwendet werden und einer regelmäßigen Überprüfung durch einen Sachkundigen unterzogen werden.

Nach Möglichkeit sollte immer die Stromversorgung zu den betroffenen Gebäuden durch den Energieversorger außerhalb des Gebäudes abgeschaltet werden!

16 Fahren mit Einsatzfahrzeugen bei Hochwasserlagen

Hochwasserlagen stellen immer wieder eine ganz besondere Herausforderung für die Fahrer/Fahrerinnen (Maschinisten/Maschinistinnen) von Einsatzfahrzeugen dar. Beim Befahren von überfluteten Straßen, Wegen und Plätzen müssen die Fahrer/Fahrerinnen eine sehr gründliche Sorgfaltspflicht walten lassen. Übertriebener Eifer und unzureichende Erkundung der jeweiligen Situation führte in der Vergangenheit schon häufiger zu schweren Personen- und Materialschäden. Je kleiner und leichter ein Einsatzfahrzeug ist, desto größer ist die Gefahr, dass es durch die Strömung des abfließenden Wassers unlenkbar und abgetrieben wird. Die Foto- und Filmaufnahmen, die während der Hochwasserkatastrophe im Ahrtal im Juli 2021 gemacht wurden, haben dies eindrucksvoll bewiesen. Grundsätzlich sollte man beachten, dass 1 m³ Luft (Fahrzeugholraum) einen Auftrieb von 1.000 kg im Wasser bewirkt. Während der Hochwasserkatastrophe 2017 im Harz konnte man mehrfach leichtsinniges Fahrverhalten beobachten. Einsatzfahrzeuge fuhren mit hoher Geschwindigkeit durch die überfluteten Innenstädte, so dass die Wasserfontänen bis in Höhe des zweiten Obergeschosses spritzten. Besondere Gefahren lauern zudem in Unterführungen und Senken. Beim Versuch, solche Bereiche zu befahren, wurde schon so mancher Motor schwer geschädigt, wenn Wasser durch den Luftfilter angesogen wurde.

Achtung:

Einsatzkräfte, die aufgrund der Einsatzlage auf überfluteten Straßen fahren müssen, sollten sich zuvor anhand des Betriebshandbuches ihres Einsatzfahrzeuges genau erkundigen, bis zu welcher Tiefe man durch das Wasser fahren kann. Häufig treten schwere Materialschäden erst nach dem Einsatz auf, wenn die Fahrzeuge nicht dementsprechend ausgerüstet sind oder danach gewartet werden.

Bereits im Rahmen der Einsatzvorbereitung und Einsatzplanung empfiehlt es sich, die Einsatzfahrzeuge genau zu betrachten, ggf. in Kategorien einzustufen und die »maximale Wattiefe« so am Fahrzeug außen sichtbar anzubringen, dass der Fahrer oder die Fahrerin ohne großen Aufwand einen Blick darauf werfen kann. Empfehlenswert ist weiterhin, die Markierung etwas unterhalb der vom Hersteller angegebenen Durchfahrttiefe anzubringen, damit man noch eine kleine Sicherheitsreserve hat. Zu beachten ist bei solchen Fahrten auch, die Bugwellenhöhe die sich je nach Fahrgeschwindigkeit bildet. Hinter der Bugwelle kommt es dann zur Bildung von Wellentälern und Wellengipfeln, die dann schnell die ursprüngliche Wattiefe übersteigen. Hierbei können auch die Flügelräder der Motorlüfter und die elektrische Anlage Schaden nehmen.

Bild 113: *Kennzeichnung der maximalen Wattiefe an einem Einsatzfahrzeug*

Wenn es die Einsatzlage und die Strömungsverhältnisse zulassen, ist es zu empfehlen, dass Einsatzkräfte zu Fuß vor dem Fahrzeug die Beschaffenheit des Untergrundes genau erkunden (ggf. Hilfsmittel zum Sondieren, wie Stangen, Einreißhaken etc. mitführen). Grundsätzlich gilt, möglichst sehr langsam in den überfluteten Bereich zu fahren. Ein besonderes Augenmerk gebührt hierbei den Kanalschachtdeckeln auf den Straßen. Diese können durch das aufgestaute Wasser aus ihrer ursprünglichen Lage gehoben worden sein. Durchfährt man mit einem Fahrzeug einen geöffneten Kanalschacht, so kommt es unweigerlich zu schweren Schäden am Fahrzeug, bis hin zu einem Totalausfall des Einsatzfahrzeuges. Ebenso gefährlich sind Straßengräben, die mitunter nicht mehr als solche zu erkennen sind. Fährt ein Einsatzfahrzeug in einen Graben, so entscheidet dessen Tiefe, ob das dort hineingerutschte Fahrzeug weiter am Einsatz teilnehmen kann. Nach Beendigung der Wasserdurchfahrt ist unbedingt der Unterboden bzw. das Fahrgestell des Fahrzeuges zu kontrollieren. Hier können sich diverse Schäden an Bremsleitungen, an der elektrischen Anlage usw.

ergeben haben. Hierbei ist es wichtig, auf eventuell verklemmtes Treibgut zu achten, damit dieses nicht bei der Weiterfahrt nachfolgende Fahrzeuge oder Personen schädigen kann.

Einige Fahrzeughersteller weisen zudem im Betriebshandbuch darauf hin, dass bestimmte Vorbereitungsarbeiten vor Beginn der Wasserdurchfahrt ausgeführt werden müssen. Mitunter muss zuerst die Entwässerung des Ansaugluftfilters verschlossen werden. Zu beachten ist auch, dass die Achs- und Getriebebelüftungen bei Standardfahrzeugen nicht höher ausgeführt sind, dies bedeutet, dass die Schaltgetriebe und die Achsen Wasser ziehen. Dies ist zuerst nicht ohne weiteres erkennbar. Erschwerend ist hierbei auch, dass viele Fahrzeugbedienungsanleitungen keine oder nur unzureichende Hinweise zur Watfähigkeit des jeweils beschriebenen Fahrzeuges liefern. Nicht zu vergessen, auch die Haupt- und Zusatzscheinwerfer der Fahrzeuge sind in der Regel nicht ausreichend tauchfähig abgedichtet.

Bild 114:   *Vor der Wasserdurchfahrt muss die Entwässerung am Luftfilter laut Herstellervorgabe verschlossen werden.*

Mit stark erhitzen Motoraggregaten sollte man ein durchfahren von tiefen Wasserstellen grundsätzlich vermeiden, da es bereits durch das aufspritzende Wasser zu Schäden am Antriebsaggregat kommen kann. Besonders gefährlich ist auch Treibgut, welches je nach Größe schwere Karosserieschäden bewirken kann. Bei der

Hochwasserkatastrophe im Ahrtal bestand das Treibgut u. a. aus Pkw und Lkw. Ebenso können Baumstämme, Sperrmüll, Müllbehälter und Gefahrstoffbehälter im Wasser schwimmen und diese mitunter mit einer hohen Geschwindigkeit das Einsatzfahrzeug treffen. Einsatzfahrzeuge, die eine Wasserdurchfahrt machen mussten, sollten auf jeden Fall nach dem Einsatz durch einen Fachbetrieb überprüft und gewartet werden, damit weitreichende Materialschäden vermieden bzw. vermindert werden. Ein Durchfahren von Unterführungen und ähnlichen baulichen Gegebenheiten sollte nach Möglichkeit weitestgehend vermieden werden. Für kleinere Fahrzeuge gilt die Regel: »Reicht das Wasser bis zu den Schwellern hoch, sollte das Auto stehenbleiben. Denn das durch die Türdichtungen eindringende Wasser könnte zu Motor- oder Elektrikschäden führen, weil manche Steuergeräte im Fußraum der Autos eingebaut sind« (vgl. Sander 2017: S. 1). Ganz allgemein kann man sagen, dass Fahrten im extremen Gelände und vor allem in tiefem Wasser grundsätzlich stark verschleißfördernd und auf ein nur absolut notwendiges Maß zu beschränken sind.

Möchte man gravierende Schäden an den Einsatzfahrzeugen vermeiden, so wird man nicht umhinkommen, die Fahrer/Fahrerinnen der Einsatzfahrzeuge im Rahmen von Fahrübungen und einem Fahrsicherheitstrainings im Umgang mit den Fahrzeugen zu schulen. Das Thema Durchfahren von überfluteten Straßen sollte auch wiederkehrend in den jeweiligen Fortbildungen Einzug halten.

Praxistipp:

Einsatzkräfte sollten gezielt auf das Fahren in überfluteten Bereichen geschult und trainiert werden, damit größere Fahrzeugschäden vermieden werden.

Bild 115, 116 und 117:   *Darstellung der Wattiefe bei einem Wechselladerfahrzeug mit Allradantrieb (links), bei einem Gerätewagen Logistik mit Allradantrieb (Mitte), bei einem Unimog-Fahrgestell (rechts)*

Bei größeren Hochwasserlagen werden die Einsatzkräfte sehr schnell vor dem Problem stehen, eine Beurteilung abgeben zu müssen, inwieweit ein Bauwerk oder Teile der Infrastruktur noch sicher sind. Da es innerhalb der kommunalen Feuerwehren und der Hilfsorganisationen zumeist nur wenige Baufachleute bzw. Baufachberater/Baufachberaterinnen oder Statiker/Statikerinnen gibt, wird in der Regel auf Fachleute aus den Verwaltungen zurückgegriffen. Sind diese nicht erreichbar oder stehen nicht zur Verfügung, so bleibt oftmals nur noch der Weg über die private Wirtschaft. Mitunter ist vielen Einsatzkräften nicht bekannt, dass man für die Begutachtung der in Mitleidenschaft gezogenen Baustatik hervorragende Unterstützung vom Technischen Hilfswerk anfordern kann. Das Technische Hilfswerk hält seit einigen Jahren speziell ausgebildete und erfahrene Baufachberater und Baufachberaterinnen in besonderen Einheiten vor.

Sind Gebäude, Straßen oder anderweitige Bauwerke wie z.B. Brücken schwer beschädigt, können die Baufachberater und Baufachberaterinnen des Technischen Hilfswerkes vor Ort die Einsatzleitung dahingehend beraten, welche weiteren Maßnahmen einzuleiten sind. Diese Fachkräfte haben ein breites Wissen über die jeweilige Baukunde und kennen sich in der Regel mit den Gebäude- und Bautechniken im Hochbau aus. Die Baufachberater und Baufachberaterinnen haben zudem einen Meisterabschluss im Bauhauptgewerbe, ein Studienabschluss im Bereich Technik oder ein Abschluss im Ingenieurwesen. Zudem unterliegen sie einer ständigen Weiterbildung.

Neben den bekannten Möglichkeiten, wie z.B. Abstützsystemen, Gerüsten, Fangnetzen usw., verfügen die Baufachberater und Baufachberaterinnen des Technischen Hilfswerkes auch über ein Einsatzstellen-Sicherungssystem. Es handelt sich hierbei um ein automatisiertes Tachymeter. Zur Überwachung von gefährdeten Strukturen werden Prismen, wie man sie in der Vermessungstechnik verwendet, angebracht und mittels des Tachymeters millimetergenau überwacht. Man kann damit auch geringste Bewegungsabläufe innerhalb der gefährdeten Strukturen erkennen.

Die Baufachberater und Baufachberaterinnen sind in der Regel über die üblichen Alarmierungswege des Technischen Hilfswerkes erreichbar. Zumeist erfolgt die Anforderung über die jeweiligen Ortsbeauftragten des Technischen Hilfswerkes. Bei größeren Schadenlagen ist das Technische Hilfswerk zudem immer in den jeweiligen Einsatzstäben entweder federführend oder als Fachberatung vertreten.

Praxistipp:

Es ist empfehlenswert, sich schon im Rahmen der Einsatzvorbereitung die entsprechenden Kontaktdaten des Technischen Hilfswerkes und der Baufachberatung in den Einsatzunterlagen zu vermerken.

Bild 118 und 119:   *Einsatzstellen-Sicherungssystem des Technischen Hilfswerkes im Einsatz (links), automatisiertes Tachymeter des Einsatzstellen-Sicherungssystems (rechts). (Bild 118: THW/Michael Kretz, Bild 119: THW/Stefanie Grewe).*

18 Einsatzstellenhygiene und Gesundheitsschutz

Hochwassereinsatzlagen gehen in der Regel damit einher, dass sich die Einsatzkräfte mehr oder weniger stark durch kontaminiertes Wasser, Schlamm, Chemikalien und weiterer Stoffe verschmutzen. Damit weitere Gefahren und vor allem keine gesundheitlichen Schäden die Einsatzkräfte gefährden, ist eine umfassende Einsatzstellenhygiene notwendig. Die Einsatzkräfte können hierbei auf bereits bewährte Systeme der Einsatzstellenhygiene, wie sie z. B. bei den täglichen Brandeinsätzen mittlerweile obligatorisch sind, zurückgreifen. Einsatzlagen bei Hochwässern erfordern jedoch zusätzlich einen deutlich höheren Aufwand und Bedarf an Mitteln zur Einsatzstellenhygiene. Aufgrund der bei einem Hochwassereinsatz notwendigen Tätigkeiten wird die Einsatzkleidung sehr schnell komplett durchnässt und stark verschmutzt, so dass hierfür nach recht kurzer Zeit Ersatzkleidung zur Verfügung stehen muss. Insbesondere bei Gewässern in denen Tiere zu Tode gekommen sind, können diese mit einer großen Anzahl von für den Menschen gefährlichen Keimen kontaminiert sein. Da bei einem Hochwasserereignis auch die verschiedensten Chemikalien (Reinigungsmittel, Betriebsstoffe etc.) in das Wasser gelangen, ist auch hierbei eine besondere Aufmerksamkeit notwendig.

Neben den reinen technischen Mitteln der Einsatzstellenhygiene muss auch der medizinischen bzw. der gesundheitlichen Lage eine besondere Beachtung zuteilwerden. Beispielhaft sei hier die ggf. notwendige Auffrischungsimpfung bei den Einsatzkräften gegen Tetanus genannt.

Die Einsatzfahrzeuge, die Einsatzkleidung sowie das weitere technische Gerät müssen ebenso wie die Einsatzkräfte selbst ggf. dekontaminiert und desinfiziert werden. Hierbei kann z. B. auf die bewährte Technik der flächendeckend vorhandenen ABC-Einheiten bei den Feuerwehren und Hilfsorganisationen zurückgegriffen werden. Auch sollten örtliche Wäschereien zur Reinigung der verschmutzten Einsatzkleidung mit ins Kalkül gezogen werden (vgl. hierzu: Köstler/Joerdel/Kirchhof 2022: S. 11 f).

Eine besondere Vorsicht ist bei der Wasserentnahme aus wasserführenden Fahrzeugen zwecks Reinigung von Einsatzkräften geboten. Hierbei ist unbedingt darauf zu achten, dass es sich bei diesem Wassre nicht um Trinkwasser handelt, sondern um Brauchwasser, welches mitunter auch stark mit Keimen belastet sein kann. Durch den Autor hierzu veranlasste Wasseruntersuchungen hatten 2021 teilweise die 600-fache Grenzwertüberschreitung bei den Keimzahlen ergeben.

Bild 120: *Ein Gerätewagen Logistik mit Sonderbeladung Einsatzstellenhygiene der Feuerwehr Goslar*

Bei Hochwassereinsatzlagen sollte deshalb grundsätzlich auf den Transport von Trinkwasser mit Hilfe von Löschfahrzeugen der Feuerwehr verzichtet werden. Sollte sich dieses nicht umgehen lassen, so sind zumindest umfangreiche vorbereitende Maßnahmen notwendig, damit die Löschwassertanks entsprechend der Trinkwasserverordnung so behandelt werden, dass sie keimfrei und unbedenklich verwendet werden können. Dies beinhaltet allerdings ein mehrtägiges Prozedere einschließlich mindestens einer Wasseruntersuchung durch ein anerkanntes Labor. Weitaus besser hierfür geeignet sind die Trinkwasseraufbereitungsanlagen, die in den ABC-Fachzügen der Feuerwehren und der Hilfsorganisationen oder beim Technischen Hilfswerk extra für solche Einsatzzwecke vorgehalten werden.

Bild 121:   *Trinkwasser-Aufbereitungsanlage des THWs (Bild: THW)*

Tanklöschfahrzeug für die Kreisausbildung, Fahrzeug ▮▮▮▮ HLZ, Zapfhahn (Matrix nicht akkreditert)

Eigenprobe

Probenahme		**Eingang**		**Prüfungen**		**Probenehmer**
Datum:	02.03.2021	**Datum:**	02.03.2021	**Beginn:**	02.03.2021	▮▮▮▮
Zeit:	10:57	**Zeit:**	13:50	**Ende:**	04.03.2021	
Verfahren:	DIN EN ISO 19458 (b)	**Code:**	2021M0102155			

Analysenbericht

Parameter	Labor	Methode	Einheit	Grenzwert	Messwert
Temperatur	01	DIN 38404-4 (C4) 1976-12	°C		15,5
Koloniezahl 20/22°C	01	TrinkwV §15, Absatz (1c) 2018-01	KBE/mL	100 (20)	6000 !
Koloniezahl 36°C	01	TrinkwV §15, Absatz (1c) 2018-01	KBE/mL	100 (20;A1_II)	2400 !
Escherichia coli (MPN)	01	DIN EN ISO 9308-2 (K6-1) 2014-06	MPN/100 mL	0	0
Coliforme (MPN)	01	DIN EN ISO 9308-2 (K6-1) 2014-06	MPN/100 mL	0	0
Enterokokken	01	DIN EN ISO 7899-2 (K15) 2000-11	KBE/100 mL	0	0
Pseudomonas a.	01	DIN EN ISO 16266 (K11) 2008-05	KBE/100 mL	0	0

Bild 122:   *Auszug aus einer Wasseranalyse, entnommen aus einem Löschfahrzeug mit 2.000 Liter Löschwassertank*

153

Zur Einsatzstellenhygiene gehört auch die ordnungsgemäße Versorgung der Einsatzkräfte mit Toilettenanlagen, diese müssen zumindest im Bereich der Bereitstellungsplätze, aber auch möglichst mobil an größeren Einsatzstellen vorgehalten werden. Man kann nicht immer davon ausgehen, dass hierfür eine ausreichende Infrastruktur am Einsatzort bereitsteht. Mittlerweile gibt es hierfür sehr gute und funktionsfähige Konzepte bei den Feuerwehren und Hilfsorganisationen, in Form von besonders ausgestatteten Gerätewagen Logistik oder als Abrollbehälter für Wechselladersysteme. Bei den Einsatzvorbereitungen ist zudem darauf zu achten, dass die Einsatzkräfte nach Möglichkeit die notwendigen Schutzimpfungen, z. B. gegen Tetanus, erhalten haben. Müssen diese Schutzimpfungen erst an der Einsatzstelle durchgeführt werden, hat dies zusätzlichen Aufwand zur Folge. In den Bereitstellungsräumen sollte zudem die Möglichkeit bestehen, neben der Persönlichen Schutzausrüstung auch die eingesetzten Geräte (z. B. Schmutzwasserpumpen) und die Fahrzeuge zu reinigen. Werden entsprechende Bereitstellungsräume bereits in der längerfristigen Einsatzplanung festgelegt, so sollte auch die Fahrzeugreinigung mit berücksichtigt werden. Von Vorteil sind hier eine flüssigkeitsdichte Bodenplatte (Betonfläche), die mit einem Koaleszenzabscheider (Leichtflüssigkeitsabscheider) oder zumindest mit einem Ölabscheider ausgestattet ist. Solche Flächen findet man zumeist auf Tankstellen, Betriebshöfen, bei Speditionen oder bei Landwirtschaftlichen Betrieben. Die Vorhaltung von ausreichend Desinfektionsmittel sowie von Einmalanzügen, Schutzhandschuhe, Schutzbrillen usw. gehört ebenfalls zur Ausstattung solcher Versorgungsplätze und sind ein weiterer Bestandteil der Einsatzvorbereitung (vgl. hierzu: Köstler/Joerdel/Kirchhof 2022: S. 11).

19 Allgemeine Sicherheitshinweise

Hochwassereinsatzlagen stellen wie bei fast allen anderen Feuerwehreinsatzlagen immer ein hohes Sicherheitsrisiko für die eingesetzten Kräfte dar. Nur wenn man die Gefahren kennt und diese im Einsatz auch erkannt hat, kann man ihnen mit der nötigen Sorgfalt begegnen. Große Gefahren lauern immer in überfluteten Bereichen. Die bereits näher betrachtete Gefahr durch Elektrizität (siehe Kapitel 15) ist nur ein Beispiel unter vielen weiteren Gefahren. In mit Wasser gefüllten Räumen besteht schnell eine Ertrinkungsgefahr, solche Räume sollten nie alleine betreten werden. Der Einsatz von geeigneten Sicherungsmitteln ist hier zu empfehlen. Grundsätzlich gilt, dass bei allen Einsatzlagen unbedingt die aktuellen Unfallverhütungsvorschriften einzuhalten sind.

Je höher der Wasserstand, desto größer ist die Gefahr, insbesondere bei fließendem Wasser. Hier bestehen je nach Stärke des fließenden Wassers erhebliche Gefahren durch Fortspülen von Personen, die sich in die Fluten begeben. Sind Rettungsarbeiten an stark fließenden Gewässern notwendig, sollten diese Arbeiten nach Möglichkeit nur von gut ausgebildeten und speziell ausgerüsteten Strömungsrettern durchgeführt werden. Stehen diese nicht zur Verfügung, so müssen zumindest die Einsatzkräfte mit den Mitteln der »Einfachen Rettung aus Höhen und Tiefen« wie z. B. dem Gerätesatz Absturzsicherung, gesichert werden. Eine besondere Vorsicht ist bei der Verwendung von Wathosen gegeben. Hier besteht die große Gefahr, dass Wasser in die Hose hineinläuft und die Person dadurch bewegungsunfähig wird. Im schlimmsten Fall schwimmt die Hose auf und es droht akute Ertrinkungsgefahr.

Für Arbeiten an Gewässern gibt es zudem spezielle Unfallverhütungsvorschriften. Das Tragen von geeigneten Rettungsschwimmwesten, die für das Gewicht der tragenden Person ausgelegt sind, ist hier zwingend einzuhalten. Rettungswesten die nach DIN EN ISO 12402-2 mit einer Auftriebskraft von 275 N ausgelegt sind, erfüllen z. B. diese Anforderungen. Es sollten nach Möglichkeit nur automatisch aufblasbare Rettungswesten verwendet werden, da hierdurch die Beweglichkeit der Einsatzkraft nicht so stark eingeschränkt wird, wie es bei den Feststoffwesten zumeist der Fall ist. Die Rettungswesten unterliegen zudem einer regelmäßig durchzuführenden Prüfungspflicht. Bei stark fließenden Gewässern ist zudem auf mitgeführtes Treibgut zu achten. Mitgerissenes Schwemmgut kann zu schweren Verletzungen führen.

Es wird zudem von den Unfallversicherungsträgern empfohlen, für die besonderen Tätigkeiten am und auf Gewässern ggf. eine Gefährdungsbeurteilung durch den Träger der Feuerwehr erstellen zu lassen (§ 3 UVV »Grundsätze der Prävention« bzw. § 5 Arbeitsschutzgesetz). Die UVV »Feuerwehren« sagt hierzu folgendes aus: »Besteht die Gefahr, dass Feuerwehrangehörige ertrinken können, müssen Auftriebsmittel getragen werden. Ist dies nicht möglich, ist auf andere Weise eine Sicherung herzustellen.« (FUK 2015: S. 4).

Praxistipp:

Bei Hochwassereinsätzen im Winter oder generell bei niedrigen Temperaturen kann es ggf. erforderlich sein, dass die Einsatzkräfte mit weiterer spezieller Schutzkleidung auszurüsten sind. Hierzu zählen insbesondere Kälteschutzanzüge bzw. Überlebensanzüge, wie man sie auch aus dem Offshore-Bereich her kennt.

Bild 123 und 124: *Einsatzkraft mit einem Überlebensanzug (Kälteschutzanzug)*

Schlussbetrachtung

Die vorliegende Publikation kann nur einen Ausschnitt aus dem großen Themenkomplex des Hochwasserschutzes beleuchten. Neben den aufgeführten Maßnahmen des baulichen und des abwehrenden Hochwasserschutzes, die allesamt nur die Symptome behandeln, spielt beim Hochwasserschutz natürlich unser gemeinsamer Umgang mit der Natur und hier vor allem mit unserem Klima eine wesentliche, wenn nicht sogar die wichtigste Rolle.

Dass Hochwasserereignisse nicht erst seit dem eingesetzten klimatischen Wandel ein Problem für die Menschen sind, zeigen uns viele Beispiele aus der Vergangenheit. Hat doch nicht zuletzt das katastrophale Hochwasser im Juli 2021 in Deutschland weit über 100 Todesopfer gefordert, so kann man feststellen, dass an der gleichen Stelle 1804 ein ebenso schweres Hochwasser im Ahrtal gewütet hat. Zur damaligen Zeit stieg das Wasser aber nicht so hoch wie im Juli 2021, da man damals noch nicht so viele Flussbegradigungen durchgeführt hatte und die Flussauen noch nicht so stark durch Bauwerke beeinträchtigt waren. Somit sind die heutigen Folgen der schweren Hochwasser- und Starkregenereignisse sowie der Sturzfluten allesamt auf menschliches Fehlverhalten gegenüber unserer Umwelt zurückzuführen. Ähnlich verhielt es sich 1526 im Harz im Ilsetal, auch dort wurden über 22 Häuser durch ein Hochwasser zerstört – aber gelernt hat man dadurch nicht – oder man hat das Ereignis wieder vergessen oder verdrängt?

Erst wenn wir den Flüssen und Bächen wieder den Raum zur Verfügung stellen, den sie für die Ableitung der Niederschlagswässer benötigen und wenn wir weniger Flächen versiegeln, werden wir signifikante Verbesserungen im Hochwasserschutz erreichen. Der Bau von weiteren Talsperren ist letztendlich nicht zielführend – die natürlichen Retentionsanlagen sind die renaturierten Flüsse.

Bild 125: *Die Elbschleife unterhalb der Festung Königstein in der sächsischen Schweiz*

Danksagung

Ich möchte mich an dieser Stelle abschließend bei meinen vielen Unterstützern für die Hilfe bei der Erstellung dieser Publikation bedanken.

Für die zur Verfügung gestellten Fotografien gilt mein Dank Herrn Stefan Schwerdhelm von der Feuerwehr Hahndorf, Herrn Timo Hurlemann von der Feuerwehr Rhüden, Herrn Jürgen Warnecke von der Feuerwehr Seesen, Herrn Andreas Hoppstock und Herrn Peter Müller von der Feuerwehr Clausthal Zellerfeld, Herrn Florian Karlstedt von der Feuerwehr Bad Harzburg, Herrn Martin Butzlaff von der Feuerwehr Harlingerode, Herrn Werner Beckmann von der Bad Harzburg Stiftung, Herrn Ralf Herrmann von der Firma Saquick, Herrn Holger Schlegel von der Goslarschen Zeitung und Herrn Dirk Groß von der Firma GSF aus Twist.

Für die technische Beratung danke ich dem Kreisschirrmeister der Feuerwehrtechnischen Zentrale Martin Müller und Herrn Norbert Wünsch sowie dem Zugführer des Hochwasserschutzzuges der Kreisfeuerwehr Goslar Herrn Uwe Wüstefeld. Für die fachliche Beratung zum Themenkomplex »Bereitstellungsräume« bedanke ich mich bei Herrn Andrej Thran von der HCT Stabsschulung GbR. Des Weiteren bedanke ich mich für die Unterstützung bei Frau Calina Langguth von der Firma Haawal Engineering AS.

Für weitergehende Beratungen und Unterstützungen bedanke ich mich bei Herrn Dennis Dorn und Herrn Alexander Walldorf von der Landkreisverwaltung des Landkreises Goslar. Mein Dank gilt auch Herrn Dirk Sielaff von der Unteren Wasserbehörde der Stadt Goslar sowie Frau Teske-Ast von den Harzwasserwerken.

Für die fachliche Beratung hinsichtlich der meteorologischen Angaben bedanke ich mich beim Fachberater »Wetter« der Kreisfeuerwehr Goslar, Herrn Arne Bastian.

Für die fachliche Beratung hinsichtlich der hydrogeologischen Betrachtungsweisen bedanke ich mich bei Herrn Dr. Friedhart Knolle aus Goslar ganz besonders.

Für das Lektorat danke ich Frau Marita Wielert aus Goslar und Frau Elisabeth Hanuschkin vom Lektorat Feuerwehr und Brandschutz des Kohlhammer Verlages.

Uwe Fricke

Literaturverzeichnis

Abt, Manfred (2017): Rückstau-Handbuch – Schutz vor Rückstau aus dem öffentlichen Kanalnetz, Aqua-Bautechnik GmbH, Bürgerinformation zur Rückstausicherung, Stadtwerke Groß-Gerau, Mai 2017.

Barthelms, Dirk (2021): Kommunikation in der Katastrophe, in: BRANDSchutz/Deutsche Feuerwehr-Zeitung 2021 (10): 847 – 852, 4 Abb.

Beyer, Ralf (2016): Starkregen und Sturzfluten – ecomed Verlag, 132 S., Landsberg am Lech 2016.

Brüser, Marius (2022): Grundlagen der Künstlichen Intelligenz, in: BRANDSchutz/Deutsche Feuerwehr-Zeitung 2022 (1): 18 – 23, 5 Abb., 1 Tab.

Buchold, Christian (2021): Technische Hilfeleistung – 3. Aktual. Lieferung Juni 2021, ecomed Verlag, Landsberg am Lech 2021.

Drews, Patrick/Betke, Hans/Voßschmidt, Stefan/Rhode, Annika/Nell, Rebecca/Lindner, Sebastian/Sackmann, Stefan (2021): Acht Jahre Spontanhelfendenforschung, in: BRANDSchutz/Deutsche Feuerwehr-Zeitung 2021 (10): 858 – 865, 3 Abb.

Fricke, Uwe/Bruns, Ulrich (2018): Investitionskonzept für die Kreisfeuerwehr aufgrund der Erfahrungen aus der Hochwasserlage Ende Juli 2017 – unveröffentl. Verwaltungsvorlage, Goslar 2018.

Fricke, Uwe (2018): Auslösung des Katastrophenalarms im Landkreis Goslar, in: BRANDSchutz/Deutsche Feuerwehr-Zeitung 2018 (3): 210 – 216, 9 Abb. 4 Karten.

Fricke, Uwe (2020): Das neue Hochwasserkonzept des Landkreises Goslar, in: BRANDSchutz/Deutsche Feuerwehr-Zeitung 2020 (11): 901 – 907, 13 Abb., 1 Tab, 2 Organigramme.

Fricke, Uwe (2021): Drei Jahre nach dem Katastrophenalarm im Landkreis Goslar – Ztschr. Unser Harz 2021 (1): 13 – 17, 5 Abb. 1 Organigramm.

FUK (2015): Sicheres Arbeiten an und auf dem Wasser – Begleitheft zum Medienpaket der Feuerwehr Unfallkassen, Ausgabe 2015, Feuerwehr Unfallkasse Mitte u. Hanseatische Feuerwehr-Unfallkasse Nord, 35 S., 5 Abb., 1 Anh.

Gassner, Alfons/Appold, Hans (1977): Fachkenntnisse Sanitärinstallateure – 7. Aufl. Verlag Handwerk und Technik, Hamburg 1977.

Gebauer, Silvia (2020): Hochwasserschutz: Anfrage deckt viele Versäumnisse in Planungsunterlagen auf – Seesener Beobachter vom 7. Nov. 2020, Seesen.

Gocht, Martin (2013): Optimierter Betrieb eines Talsperrenverbundsystems mit Anpassung an den Klimawandel – , Dissert. , 199 S., Fakultät Architektur, Bauingenieurwesen u. Umweltwissenschaften d. Technischen Universität Carolo-Wilhelmina zu Braunschweig, Braunschweig 2013.

Goderbauer-Marchner, Prof. Dr. Gabriele/Sontheimer, Dr. Rainer et al. (2015): Die unterschätzten Risiken »Starkregen« und »Sturzfluten« Ein Handbuch für Bürger und Kommunen – Bundesamt für Bevölkerungsschutz und Katastrophenhilfe Referat II.5 – Baulicher Bevölkerungsschutz, Wassersicherstellung, Bonn 2015.

Gonder, Martin/Fekete, Alexander/Emrich, Christian (2022): Erfolg bei der Bewältigung von Großschadenlagen durch die richtige Organisation von Spontanhelfenden, in: BRANDSchutz/Deutsche Feuerwehr-Zeitung 2022 (1): 14 – 17, 6 Abb.

Grebner, Nico (2021): Erkundung und Informationsmanagement bei Großschadenereignissen, in: BRANDSchutz/Deutsche Feuerwehr-Zeitung 2021 (10): 842 – 846, 6 Abb.

Hamachewr, Ralf/Cimolino, Dr. Ulrich (2021): Einsatzleiter – Handbuch Feuerwehr – ecomed Verlag, Landsberg am Lech.

Harzwasserwerke (2014): Flyer Okertalsperre –, Hrsg. Harzwasserwerke Niedersachsen, pdf-Dokument, Hildesheim 2014.

Klaus, Alexander, Königbauer, Christina/Kuner, Julia/Springer, Bernd/Emrich, Christian/Schüller, Alexandra (2021): Einsatzführung 4.0 – mittels Geodaten zum mehrschichtigen Live-Lagebild, in: BRANDSchutz/Deutsche Feuerwehr-Zeitung 2021 (10): 838 – 841, 4 Abb.

Knorr, Karl-Heinz (2018): Gefahren der Einsatzstelle – 9. Aufl., 242 S. Verlag W. Kohlhammer, 2018.

Lange, Birgit (2019): Baulich-technischer Hochwasserschutz in Sachsen – Landestalsperrenverwaltung Freistaat Sachsen, Betrieb Oberes Elbtal, 13. Nov. 2019.

Marten, David/Schülpen, Tobias/Schams, Torsten/Schubert, René (2021): Einsatz in Euskirchen nach dem Starkregenereignis im Juli 2021, in: BRANDSchutz/Deutsche Feuerwehr-Zeitung 2021 (10): 827 – 836, 15 Abb.

Matzick, Uwe (2021): Die Welt der Anhänger-Scheine – Goslarsche Zeitung, S. 19, 27.09.2021, Verlag Goslarsche Zeitung.

Motsch, Jens (2019): Meteorologie für die Feuerwehr – Die Auswirkungen des Klimawandels auf das Einsatzgeschehen, Verlag W. Kohlhammer, 2019.

Motsch, Jens (2021): Die Extremwetterlage im Juli 2021 in Mitteleuropa, in: BRANDSchutz/Deutsche Feuerwehr-Zeitung 2021 (10): 809 – 824, 30 Abb., 1 Diagr., 2 Tab.

Ott, Matthias/Hofmann, Marc Peter/Böger, Nils (2018): Einsatz bei Extremwetterereignissen Ecomed, 2018.

Pöttering, H.-G./Antunes, M. Lobo (2007): Richtlinie 2007/60EG des europäischen Parlaments und des Rates vom 23. Oktober 2007 über die Bewertung und das Management von Hochwasserrisiken – Amtsblatt der Europäischen Union, Straßburg 23. Oktober 2007.

Reckter, Bettina (2021): Unwetterkatastrophe: So haben Totholz und Sedimente die Eifel-Flut verstärkt – vdi Nachrichten vom 20. September 2021.

Roseneck, Reinhard/Teicke, Justus/Leßmann, Wilfried/Döhring, Mathias/Stedingk, Klaus/Pfeiffer Karsten/Marbach Wilhelm/Reiff, Ulrich/Gundermann, Thomas/Krause, Karl-Heinz (o. Datum): UNESCO – Weltkulturerbe Oberharzer Wasserwirtschaft, Hrsg. DWhG und Oberharzer Geschichts- und Museumsverein, 152 S.Clausthal-Zellerfeld o. Datum.

Sander, Nils (2020): Spontanhelfer beim Feuerwehr Einsatz: einbinden oder ignorieren? – Feuerwehr Magazin 2. Dez. 2020, Spontanhelfer beim Feuerwehr Einsatz: einbinden oder ignorieren? (feuerwehrmagazin.de), Stand 2020, abgerufen am 07.12.2021.

Saquick GmbH (2021): Sandsackfüllmaschine Titan 1200 – Hersteller Produktbeschreibung, Biberach/Baden 2021 (www.saquick.com) Stand 2021, abgerufen am 15.11.2021.

Schmidt, Klaus (2014): Einsatztaktik für die Feuerwehr – Hinweise zum Einsatz von Sandsäcken bei Hochwasser – Landesfeuerwehrschule Baden-Württemberg, 12 S. Bruchsaal 2014.

Schmidt, Martin (1989): Die Wasserwirtschaft des Oberharzer Bergbaus – Schriftenreihe d. Frontinus Ges. e. V., (13), Wirtschafts- u. Verlagsges. Gas u. Wasser mbH, 379 S., Bonn 1989.

Schmidt, Martin (2012): Talsperren im Harz – 9. Aufl., 115 S. 68 Abb., Papierflieger Verlag, Clausthal-Zellerfeld 2012.

Schottner, Harald (2010): Empfehlungen für Taktische Zeichen im Bevölkerungsschutz – SKK Geschäftsstelle, Bundesamt f. Bevölkerungsschutz und Katastrophenhilfe, 56 S, Köln 2010.

Stadt Goslar (2020): Hochwasserschutzkonzept setzt auf Kombination aus fünf Säulen – Pressemitteilung der Stadt Goslar 292/2020; Goslar den 20. Nov. 2020.

Thorns, Jochen (2021): Hochwasserlage in Nordrhein-Westfalen und Rheinland-Pfalz, Eine erste Übersicht über die Ereignisse, in: BRANDSchutz/Deutsche Feuerwehr-Zeitung 2021 (8): 663 ff.

Wasserhaushaltsgesetz (2009) – Gesetz zur Ordnung des Wasserhaushalts (Wasserhaushaltsgesetz – WHG) – Bundesministerium d. Justiz, S. 1–52, Fassung vom 31.07.2009, Berlin.

Wittschurky, Thomas (2021): Traktor, Radlader, Bagger und Co. Bei der Feuerwehr – geht das? – FUKnews, Magaz. d. Feuerwehr-Unfallkasse Nieders., Ausgabe 3, S. 4–5, Dezember 2021.

Weitere Quellen:

Beaver Schutzsysteme (2015): Mit Wasser gegen Hochwasser – Broschüre der Beaver Schutzsysteme AG Grosswangen, Schweiz 2015.

BMI (2020): Wer macht was beim Zivil- und Katastrophenschutz? – www.bmi.bund.de/DE/themen/bevoelkerungsschutz/zivil-und-katastrophenschutz/gefahren¬abwehr-und-katastrophenschutz/gefahrenabwehr-und-katastrophenschutz-node.html, Stand 2020, abgerufen am 30.11.2021.

BMUB (2015): Den Flüssen mehr Raum geben. Renaturierung von Auen in Deutschland – Broschüre Bundesministerium für Umwelt, Naturschutz, Bau- und Reaktorsicherheit (BMUB), 1. Aufl., Berlin 2015.

DGUV Vorschrift 71 (1997): Fahrzeuge – Unfallverhütungsvorschrift »Fahrzeuge« vom Oktober 1990 geändert durch folgende Nachträge: 1. Nachtrag – Fassung Januar 1993 u. 2. Nachtrag – Fassung Januar 1997.

DIN EN ISO 12402 Teil 6: DIN EN ISO 12402: Normenreihe für Rettungswesten und Schwimmhilfen

DWD (2017): Juli – Einordnung der Stark- und Dauerregen in Deutschland zum Ende eines sehr nassen Juli 2017; Wetter und Klima – Deutscher Wetterdienst – Klimawandel – 2017, Juli: Einordnung der Stark- und Dauerregen in Deutschland zum Ende eines sehr nassen Juli 2017 (dwd.de), Stand 2017, abgerufen am 15.11.2021.

IDF (2021): Das Lagedarstellungssystem NRW – IdF – Downloads – Katastrophenschutz im Lande Nordrhein-Westfalen (nrw.de) Stand 2021, abgerufen am 02.12.2021

Kruckow, Frank-Michael/Fricke, Uwe (2021): Einsatzkonzeption/Alarm- und Aurückeordnung Technische Einsatzleitung der Kreisfeuerwehr Goslar (AAO TEL) – unveröffentl. Landkreis Goslar, 17 S., 1 Anl., Goslar den 01.04.2021.

Krüger, Marc/Niehüser, Sebastian/Pfister, Angela/Mudersbachch, Christop/Teichgräber,Burkhard/Jensen, Jürgen (2015): Vorstellung eines Tools zur Analyse von Starkregen an einem Beispiel im westlichen Emschergebiet, Verfügbar unter: 15-10135_So-Druck_KW-2-2015.indd (starkgegenstarkregen.de), abgerufen am 15.11.2021.

Lenoir Flutsperre (o. Dat.): Wassersperre – Dämme – Unwetterschutz – Personenschutz – Gebäudeschutz – Landschaftsschutz – Ölwehr – Chemiewehr – Lenoir (lenoir-aviation.ch) Schweiz – Cham, 2021, abgerufen am 15.11.2021.

NLWKN (2021): Überschwemmungsgebiete der Radau vorläufig gesichert – Nds. Landesbetrieb für Wasserwirtschaft, Küsten- und Naturschutz, Hannover 27.01.2021.

Pegel Online (2022): Webservices www.pegelonline.wsv.de/webservice/ueberblick, abgerufen am 07.07.2022.

Sachsen-Anhalt (2021): Gefahren kennen. Risiken vermeiden – Mehr Raum für unsere Flüsse: eine Generationenaufgabe, pdf, 47 S. www.hochwasser.sachsen-anhalt.de Stand 2021, abgerufen am 15.11.2021.

Sander, Ulrich (2017): Bei Wasserdurchfahrten drohen Motor- und Elektrikschäden – https://www.autogazette.de/tuev/unwetter/tipps/ Stand: 30.06.20217, abgerufen am 15.11.2021.

Sandsackberechnungshilfe des THW: https://www.thw-hamburg-nord.de o.Dat., abgerufen am 15.11.2021.

Schnug, Ewald (2009): Ungewohnliche Beiträge der Landwirtschaft zum Hochwasser-, Gewässer- und Klimaschutz Wirkungen der Infiltration auf den Wasserhaushalt sowie Auswirkungen mineralischer Phosphordüngung – 11. WRRL-Forum des BUND, Kassel 12. Dezember 2009.

Stadt Goslar (o. Dat.): Projektskizze: Hochwasserfrühwarnsystem Goslar – 13 S.3 Abb., 9 Tab. unveröffentl. Goslar.

Stemplewski, Jochen/Johann, Georg/Bender, Patricia/Grün, Björn: Das Projekt »Stark gegen Starkregen« – Verfügbar unter: 15-10135_So-Druck_KW-2-2015.indd (starkgegenstarkregen.de), abgerufen am 15.11.2021.

Tagesschau (2021): Nach der Hochwasserkatastrophe. Immer noch viele Menschen vermisst. https://www.tagesschau.de/inland/hochwasser-opfer-101.html#:~:text=Nach%20der%20Hochwasserkatastrophe%20Immer%20noch%20viele%20Menschen%20ver¬misst&text=Nach%20der%20Flutkatastrophe%20werden%20in,mehr%2C%20dort%20star¬ben%2047%20Menschen, Stand 28.07.2021 14:59 Uhr, abgerufen am 21.03.2022.

Tietzsch Rudolph GmbH & Co. KG (2021): Bedienungsanleitung MultiSafe DSP-HW 2 Spannungswarner für Wasser in überfluteten Elektroanlagen – pdf-Dokument, 16 S., div. Abb. Ennepetal.

THW (2020): VOST: Virtuell vernetzt – VOST: Virtuell vernetzt (thw.de) Stand 06.02.2020, abgerufen am 07.12.2021.

Waldorf, Alexander (2021): Abfragetabelle Kapazitäten abwehrender Hochwasserschutz – unveröffentl. Abfrage d. Katastrophenschutzbehörde Landkreis Goslar, November 2021.

Wikipedia (2021): Hochwasserschutz in Dresden – Wikipedia-Internetenzyklopädie, Stand 11.09.2021, abgerufen am 15.11.2021.

Jens Motsch

Meteorologie für die Feuerwehr

Die Auswirkungen
des Klimawandels
auf das Einsatzgeschehen

2019. 143 Seiten. 95 Abb., 13 Tab.
Kart. € 26,–
ISBN 978-3-17-035448-7
Führung

Vor dem Hintergrund zunehmender Einsatzzahlen im Zusammenhang mit Unwetterereignissen gewinnt auch das Thema Meteorologie vermehrt an Bedeutung für die Feuerwehr. Der Autor gibt neben allgemeinen Hinweisen zur Vorbereitung auf Extrem- oder Unwetterlagen konkrete Empfehlungen und Schulungsunterlagen, wie Wetterwarnungen gelesen und für die Praxis interpretiert werden können. Das Buch stellt zudem die verschiedenen Wetterdienstleister vor und beschreibt, welche Daten abgerufen werden müssen, um die Lage schnell und strukturiert beherrschen zu können.

Jens Motsch ist Angehöriger der Freiwilligen Feuerwehr Homburg (Saar) und Leiter des Fachausschusses Umweltschutz - Einsatz - Technik des LFV Saarland. Er beschäftigt sich seit vielen Jahren mit dem Thema Meteorologie bzw. Wetter in Zusammenhang mit dem Einsatzgeschehen aufgrund von Extrem- oder Unwetterlagen.

Digital-Ausgabe erhältlich in der BRANDSchutz-App und als E-Book. Leseproben und weitere Informationen:
www.kohlhammer-feuerwehr.de